SAMMLUNG GÖSCHEN BAND 3/3a

DIE MASCHINENELEMENTE

von

ERICH A. VOM ENDE
Professor Dr.-Ing. habil.

Mit 175 Figuren und 9 Tafeln

Dritte, verbesserte Auflage

WALTER DE GRUYTER & CO.
vormals G. J. Göschen'sche Verlagshandlung · J. Guttentag, Verlagsbuchhandlung · Georg Reimer · Karl J. Trübner · Veit & Comp.

BERLIN 1956

Archiv-Nr. 110003
Satz: Walter de Gruyter & Co., Berlin W 35
Druck: Paul Funk, Berlin W 35
Printed in Germany

Inhaltsangabe

A. Die Gestaltung der Maschinenelemente

I. Gesichtspunkte für Konstruktion, Berechnung und Wahl des Werkstoffs

Jedes Element muß bei geringstem Aufwand an Werkstoff allen Beanspruchungen gewachsen sein. Die Berechnung eines Maschinenteils erfolgt demnach zunächst nach dem Grundsatz, daß die Spannung an keiner Stelle die zulässige Höhe überschreiten darf. Dabei ist zu bedenken, daß unsere Berechnungen, die auf theoretischer Grundlage in Verbindung mit versuchsmäßiger Erforschung der Beanspruchungen der Teile und der Eigenschaften der Werkstoffe sowie praktischen Erfahrungen aufgebaut sind, nur Näherungslösungen sind. Da dabei nicht alle Einflüsse im voraus genau zu erkennen sind, muß, um Brüche zu vermeiden, eine gewisse Sicherheit vorgesehen werden. Je nach der Beanspruchungsart ist die rein statische Festigkeit entsprechend ruhender Beanspruchung oder die Dauerfestigkeit bei schwellender oder wechselnder Beanspruchung maßgebend. Dazu kommt die Gestaltfestigkeit, die von der Formgebung (Querschnittsübergänge, Kerbwirkung und dergleichen) abhängt.

Eine zweite Forderung betrifft die zulässige elastische Formänderung. Diese ist außer vom Elastizitätsmodul des Werkstoffs von der Formsteifigkeit des Maschinenteils abhängig. Ein Balken ist hochkant steifer als quer, ein Hohlprofil steifer als ein Vollprofil.

Die dritte Forderung betrifft das Gewicht. Abgesehen davon, daß keine Maschine schon des Werkstoffverbrauchs und der Transportkosten wegen schwerer sein soll als unbedingt nötig ist, werden in vielen Fällen, so z. B. bei Fahrzeugen und Flugzeugen, besonders leichte Konstruktionen gefordert. Hier tritt zunächst die Werkstoffwahl hervor. So gilt z. B. als Faustregel, daß bei richtiger Konstruktion ein Werkstück aus Walzstahl mit den halben Wandstärken des gußeisernen Werkstücks noch einen fühlbaren Gewinn an

Biegungssteifigkeit aufweist. Besonders leichte Teile werden aus Leichtmetall hergestellt. Weiterhin wird man von den Vorzügen der Hohlprofile Gebrauch machen. Eine besondere Bedeutung gewinnt die Anwendung des Schweißverfahrens. Wird es z. B. an Stelle des Nietens angewendet, so fallen die Überlappungen und die Nietköpfe fort. Verwickelte Konstruktionen sind oftmals nur in geschweißter Ausführung möglich.

Die vierte Forderung betrifft die Fertigungsmöglichkeit. Es ist oftmals möglich, das gleiche Teil gegossen, geschmiedet oder geschweißt auszuführen. In manchen Fällen wird eine Aufteilung in mehrere Einzelteile die Herstellung erleichtern. Die Wahl der Ausführung richtet sich dann nach den Kosten in Abhängigkeit von der Stückzahl oder nach der Werkstatteinrichtung.

Schließlich werden noch bequemer Zusammenbau der Maschine und leichte Ausbesserungsmöglichkeit verlangt. Die Teile müssen durch geeignete Paßmittel in ihrer gegenseitigen Lage gesichert sein. Die Anschlußmaße müssen den Passungsgesetzen entsprechen. Teile, die dem Verschleiß ausgesetzt sind, wie Ventilsitze und Lagerschalen, müssen sich leicht ausbauen lassen. Im Rahmen der Ersatzteilbeschaffung spielt dann noch die Normung eine Rolle.

II. Die Normung

Die Normung bildet mit der Typung die technischen Mittel der Rationalisierung, deren Ziel „größtmögliche Produktion bei geringstem Aufwand“ ist. Die Typung ist eine Vereinheitlichung innerhalb der Maschinengattungen. Bei ihr tritt an die Stelle der konstruktiven Einzelheit die generelle Normung, z. B. Leistungsstufen von Motoren und Dampfmaschinen, Fassungsgrößen von Zentrifugen, Festlegung von Ausführungsformen und Ausführungsreihen, Normung der Hauptabmessungen ganzer Maschinen.

Das Ergebnis der Normung der Maschinenelemente soll sein, daß sich der Konstrukteur weitgehend nur auf geschickte Vereinigung vorhandener Elemente und Elementegruppen zu beschränken braucht und trotzdem zu nützlichen Gebilden kommt.

Sie bildet damit die Grundlage zur Massenherstellung und Arbeitsteilung und ist wichtig beim Ersatz für gebrochene oder verschlissene Teile. Diese erfordern nämlich die Austauschbarkeit aller gleichartigen Teile, d. h., daß bei diesen die Anschlußmaße durchweg gleich sein müssen, und zwar nicht nur innerhalb eines Werkes, sondern innerhalb der gesamten Industrie. Soweit die gleichen Maßsysteme vorliegen, ist darüber hinaus eine internationale Normung möglich. Die Normung hat u. a. den Vorteil, daß durch die Beschränkung auf wenige Größen die Lagerhaltung und damit das festgelegte Kapital sowie die Fabrikationseinrichtungen (Modelle, Vorrichtungen u. dgl.) verringert werden. Sie ist an sich uralt, wie die Maße, Gewichte, Münzsysteme, Zeiteinteilung usw. zeigen.

Sie umfaßt drei Gruppen:

1. die allgemeinen Normen,
2. die technischen Grundnormen,
3. die Fachnormen.

Das Ergebnis ist in den Normenblättern, den DIN-Büchern und den DIN-Taschenbüchern niedergelegt.

III. Die Passungen

Die erwähnte Austauschbarkeit sowie überhaupt das Passen zusammengehöriger Teile ist in hohem Maße von der Herstellungsgenauigkeit abhängig. Da es nicht möglich ist, die Maße mit absoluter Genauigkeit herzustellen, müssen gewisse Fehlergrenzen (Toleranzen) zugelassen werden. Auch ist nicht in allen Fällen die gleiche Art des Zusammenpassens der Teile erwünscht.

So soll z. B. eine Welle mit einem gewissen Spiel im Lager liegen, eine Riemenscheibe soll gerade noch auf die Welle aufgeschoben werden können; Zahnräder werden meist auf die Welle aufgepreßt, eine Paßschraube soll stramm in ihrem Loch sitzen und ein Schrumpfring soll eine so kleine Bohrung haben, daß er nur in warmem Zustand aufgezogen werden kann. Die Teile sitzen mehr oder weniger lose oder fest auf der Welle. Es sind deshalb für diese verschiedenen Zwecke sogenannte Sitze festgelegt worden, für die ihrerseits wieder besondere Toleranzen gelten. Diese sind wieder je nach der Maschinenart in Gütegrade abgestuft. Landwirtschaftliche Maschinen erfordern nur geringe Genauigkeit, wogegen Werkzeugmaschinen mit größter Präzision gearbeitet werden müssen.

Die Maßunterschiede sind sehr klein, müssen aber mit großer Genauigkeit gemessen werden können. Dies geschieht bei Bohrungen mit einem mit den Grenzmaßen versehenen Grenzlehrdorn (Kaliber) und bei Wellen mit einer entsprechenden Grenzrachenlehre für die Durchmesser bis 100 mm, mit Flachlehren für die Durchmesser über 100 bis 250 mm und mit Kugelendmaßen für die Durchmesser über 250 mm.

Die Hauptbedeutung haben die Passungen für das Einpassen von Zapfen und Wellen in Bohrungen und Lagern. Demgemäß sind sie für diese festgelegt und finden auf Längenmaße sinngemäße Anwendung.

Diese Anwendung geschieht nach dem Internationalen Passungssystem (ISA), das die wesentlichen Grundlagen von dem inzwischen aufgegebenen DIN-Passungssystem übernommen hat. Diese sind:

a) Nullinie als Begrenzung,
b) Bezugstemperatur 20°,
c) Stufung der Durchmesserbereiche.

Unser ganzes Maßsystem ist an das Pariser Urmeter angeschlossen, das seine genaue Länge bei 0° hat. Der Umweg der Messung und die Temperatur haben aber Nachteile. Außerdem hat sich das Urmeter verändert. Man geht deshalb jetzt von der Wellenlänge der Spektrallinie „Cadmiumrot" aus und hat als Bezugstemperatur für alle Messungen international einheitlich 20° festgelegt.

Für die ISA-Passungen gilt die Toleranzeinheit (IT), das ist die Größe

$$i = 1 JT[\mu] = 0{,}45 \sqrt[3]{D_{\mathrm{mm}}} + 0{,}001\, D_{\mathrm{mm}}\,.$$

Die internationale Toleranzeinheit ergibt sich also in μ, wenn D in mm in die Formel eingesetzt wird.

Es werden 16 Qualitäten unterschieden. Die ersten vier gelten für Lehren, die Gütegrade 5 bis 11 für Rundpassungen, und 12 bis 16 sind gröbere Toleranzen. Für diese sind Grundtoleranzen für eine Reihe von Durchmesserbereichen festgelegt, die den Toleranzbereich angeben. Sie haben mit der Qualitätsziffer und der Durchmesserstufung steigende Toleranz. Um Welle oder Durchmesser vollkommen zu bestimmen, ist dann noch die Lage der Toleranz zur Nullinie festzulegen. Diese wird für die Bohrungen durch große und für die Wellen durch kleine lateinische Buchstaben bezeichnet. Die Toleranzfelder *H* und *h* berühren die Nullinie (entsprechen also Einheitsbohrung und Einheitswelle im DIN-Passungssystem), die Toleranzfelder *J* und *j* liegen $\pm$ zur Nullinie. Je weiter der Buchstabe im Alphabet vom *H* bzw. *h* entfernt ist, um so weiter liegt das Toleranzfeld von der Nullinie ab. Die Zusammensetzung der Toleranzfelder für Bohrung und Welle ergibt Sitzfamilien, die etwa den Gütegraden des DIN-Systems vergleichbar sind.

Bezüglich deren Zusammenstellung unterscheidet man Einheitsbohrung (EB; *H*-Bohrung), bei der das Kleinstmaß der Bohrung mit dem Nennmaß zusammenfällt (unteres Abmaß = 0) und Einheitswelle (EW; *h*-Welle), bei der das Größtmaß der Welle dem Nennmaß entspricht (oberes Abmaß = 0).

Beispiel: Nenndurchmesser $D = 40$ mm, ISA-Sitzfamilie entsprechend dem Laufsitz (Feinpassung) im DIN-System.

Einheitsbohrung:

Bohrung	*H* 7	Grundtoleranz	$25\,\mu = 0{,}025$ mm
Welle	*f* 7	Grundtoleranz	$25\,\mu = 0{,}025$ mm

Einheitswelle:

Bohrung	*F* 7	Grundtoleranz	$25\,\mu = 0{,}025$ mm
Welle	*h* 7	Grundtoleranz	$16\,\mu = 0{,}016$ mm

		System Einheitsbohrung	System Einheitswelle
Bohrung	D_{min}	= 40,000 mm	40,025
	D_{max}	= 40,025 mm	40,050
Welle	D_{min}	= 39,050 mm	39,084
	D_{max}	= 39,075 mm	40,000
Sitze	S_{min}	= 0,025 mm	0,025
	S_{max}	= 0,075 mm	0,076

Man unterscheidet drei Arten von Sitzen, nämlich Spielsitze, die immer Spiel haben, Übergangssitze, die je nach Lage der Toleranzen Spiel oder Übermaß haben und Preßsitze, die immer Übermaß der Welle haben.

In DIN 7157 (Ausgabe Mai 1949) wird eine Passungsauswahl empfohlen, und in DIN 1754 und 1755 ist eine beschränkte Auswahl von Sitzfamilien für gleichgroße Bohrung bzw. gleichgroße Welle zusammengestellt.

Schrumpfpassungen

Wird ein Körper mit einer Bohrung, die um ein geringes Maß kleiner ist als der Durchmesser einer zugehörigen Welle, auf diese aufgepreßt, so wird er gedehnt, und die dadurch erzeugte Spannung bewirkt einen festen Sitz. Es ist dann möglich, ohne anderweitige Befestigung ein Drehmoment zu übertragen. Bei einer entsprechenden Wahl der Passungen können solche Körper mit Pressen aufgezogen werden. Man bezeichnet solche Passungen mit Längs-Preßpassungen. Ist das Aufziehen mit Pressen nicht möglich, so müssen sogenannte Quer-Preßpassungen angewendet werden, die meist die Wärmeausdehnung bzw. -zusammenziehung der Stoffe ausnutzen. Wird das Außenteil erwärmt (je nach Art der Passung auf 70°—350°), so spricht man von Schrumpfpassung, wird das Innenteil tiefgekühlt (—60° bis —70°), von Dehnpassung. Man kann auch abgekühlte Wellen in er-

Tafel 1

Durchmesserbereich	Bemerkungen	ISA-Kurzzeichen Bohrung		Welle
über 180 500	Bohrungsteil aus	*H* 7		*s* 6
über 30 180	GBz	*H* 7		*t* 6
über 180 500	Bohrungsteil aus	*H* 7	Einheitsbohrung	*t* 6
über 14 180	Ge oder SchGe	*H* 7	Einheitsbohrung	*u* 6
über 180 500	Bohrungsteil aus	*H* 7	Einheitsbohrung	*u* 7
über 14 180	St 00 ... St 60.11 Stg 38.81 .... Stg 45.81 geschm. Sonderbronze mit über 40 kg/mm² Streckgrenze	*H* 7	Einheitsbohrung	*v* 7

wärmte Bohrungen stecken und erhält dann eine sogenannte Schrumpfdehnpassung. Alle 3 Arten von Quer-Preßpassungen können in mittleren Größen (2—150 mm Paßdurchmesser) ohne weiteres reihenmäßig gefertigt werden. Die entsprechenden Bezeichnungen können nur nach den ISA-Passungen angegeben werden, die bis 500 mm reichen. Aus den dort gegebenen Möglichkeiten kann eine entsprechende Auswahl getroffen werden. Tafel 1 zeigt Beispiele.

B. Verbindungen

Die Verbindung von Maschinenteilen kann unlösbar oder lösbar geschehen. Die Trennung unlösbarer Verbindungen ist nur durch Zerstörung eines Teils möglich. Zu ihnen gehören Schweißen, Löten, Leimen, Kitten, Nieten und Schrumpfen. Das Nieten ist bedingt lösbar insofern, als die Niete herausgeschlagen werden können. Aufgeschrumpfte Teile können u. U. ohne Zerstörung entfernt werden.

Zu den lösbaren Verbindungen gehören Keile, Federn, Stifte und Schrauben. Wenn die in der Verbindung auftretende Kraft ihre Richtung wechselt, wie z. B. bei der Kolbenstange im Kreuzkopf, dann muß eine sogenannte Spannungsverbindung hergestellt werden, die mit Vorspannung angezogen wird, damit sie sich nicht lösen kann und beim Kraftrichtungswechsel Stöße vermieden werden.

I. Nietverbindungen

Das Nieten kommt vor bei Dampfkesseln, bei Gefäßen für Gase und Flüssigkeiten, Silos, Stahlkonstruktionen und vielen anderen Teilen. Man unterscheidet danach:

1. feste und dichte Vernietung, 2. dichte Vernietung, 3. feste Vernietung.

a) Die Niete. Der Werkstoff für die Niete richtet sich nach den zu verbindenden Teilen. Zur Vermeidung von Korrosion ist ein diesen möglichst gleicher Werkstoff zu wählen. Demnach nimmt man: zähen Flußstahl nach DIN 1613 (meist St 34) im Kessel-, Behälter- und Stahlbau, Kupfer bei Kupfergefäßen, Aluminium bei Aluminiumteilen.

Das Niet besteht aus Schaft und Setzkopf (Fig. 1). Die Rohschaftlänge muß dem Schließkopf entsprechend gewählt werden. Man unterscheidet den Nietköpfen entsprechend fünf Formen (Fig. 2–6):

Halbrundniete für Kesselbau nach DIN 123
Halbrundniete für Stahlbau nach DIN 124
Senkniete . . . . nach DIN 302
Linsensenkniete . . . . . . nach DIN 303
Halbversenkniete . . . . . nach DIN 301

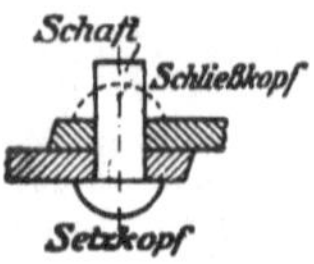

Fig. 1. Schließen eines Niets

Dazu kommen noch Hohlniete, die hauptsächlich in der Feinmechanik verwendet werden, und Sprengniete für den Flugzeugbau.

Für die Berechnung und die Angabe in der Zeichnung ist der Durchmesser des fertiggeschlagenen Niets maßgebend. In der Stückliste ist der für die Bestellung

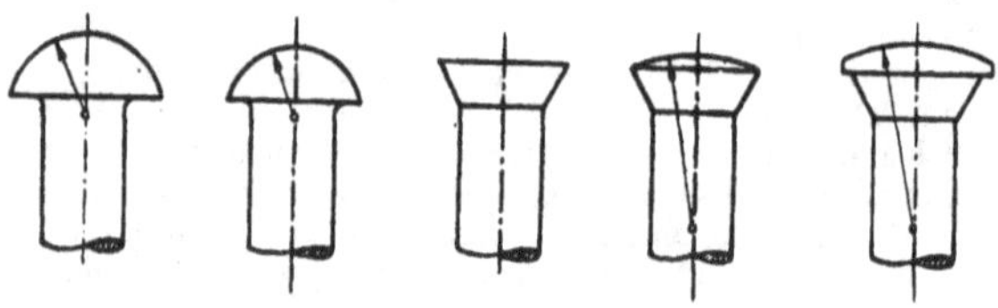
Fig. 2 Fig. 3 Fig. 4 Fig. 5 Fig. 6
Nietformen

maßgebende Rohnietdurchmesser anzugeben, der mit Rücksicht auf das Einführen 1 mm kleiner ist. Die Köpfe der Halbrundniete gehen mit einer kleinen Abrundung in den Schaft über.

Die Sinnbilder in der Zeichnung sind nach DIN 139 zu wählen.

b) Die Herstellung der Vernietung. Die Nietung geschieht von Hand oder mit der Maschine. Kleinere Eisenniete bis 9 mm für untergeordnete Zwecke können kalt genietet werden. Kupferniete werden immer kalt eingezogen. Größere Eisenniete (11 bis 44 mm) werden ausschließlich warm genietet. Dazu wird der Setzkopf festgehalten und das Schaftende mit dem Schellhammer in die Form des Schließkopfs gebracht. Bei Maschinennietung werden die Niete durch reine Druckwirkung geschlossen. Der Schließdruck beträgt nach Bach etwa 6500—8000 kg/cm². Manche Firmen gehen bis 9500 kg/cm². Er soll so lange wirken, bis die Rotglut verschwunden ist. Bei größeren Nietmaschinen werden die Bleche durch einen besonderen Blechschlußring aufeinandergepreßt. Maschinennietung ist gleichmäßiger als Handnietung. In den Dampfkesselvorschriften werden deshalb hierfür geringere Sicherheiten zugelassen.

Die Nietlöcher können durch Stanzen und Bohren hergestellt werden. Letzteres ist besser, da das Blech dabei nicht verletzt wird. Es soll an den zusammengebauten Blechen vorgenommen werden, damit die Löcher gut aufeinander passen. Versetzte Löcher vermindern den Nietquerschnitt. Die Blechkanten müssen außer bei Futterstücken sauber gehobelt und gefräst sein. Sie erhalten eine Neigung von $\frac{1}{3}-\frac{1}{4}$. Bei Verbindungen, die dicht sein sollen, müssen die Nietköpfe und Blechkanten verstemmt werden, wobei jedoch Einkerbungen zu vermeiden sind. Bleche unter 5 mm Stärke können nicht verstemmt werden. Sie werden durch Einlegen von in Mennige getränkter Leinwand oder in Öl getauchter Pappe gedichtet.

c) Die Ausführungsformen. Die Ausführungsformen der Nietverbindungen unterscheidet man nach drei Gesichtspunkten:

1. Überlappungsnietung und Laschennietung. Bei ersterer werden die Blechenden übereinander gelegt (Fig. 7—10). Bei letzterer werden sie stumpf aneinander gelegt und durch eine oder zwei Laschen verbunden (Fig. 11—13).

2. Ein- und mehrschnittige Vernietung, je nach der Anzahl der Querschnitte, in denen die Niete beim Zerreißen der Verbindung zerschnitten werden. Fig. 7—10 sind einschnittig, Fig. 11—13 zweischnittig.

3. Ein- und mehrreihige Vernietung, je nach der Anzahl der nebeneinander sitzenden Nietreihen. Fig. 7 zeigt einreihige, Fig. 8 zweireihige, Fig. 13 dreireihige Nietung. Dabei kann Parallel- oder Kettennietung (Fig. 8) und Zickzacknietung (Fig. 9) angewendet werden.

Des besseren Verstemmens wegen ist die Blechkante bei

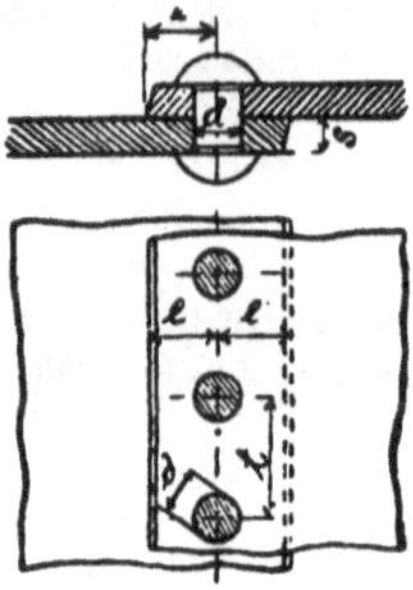

Fig. 7
Einreihige Überlappungsnietung

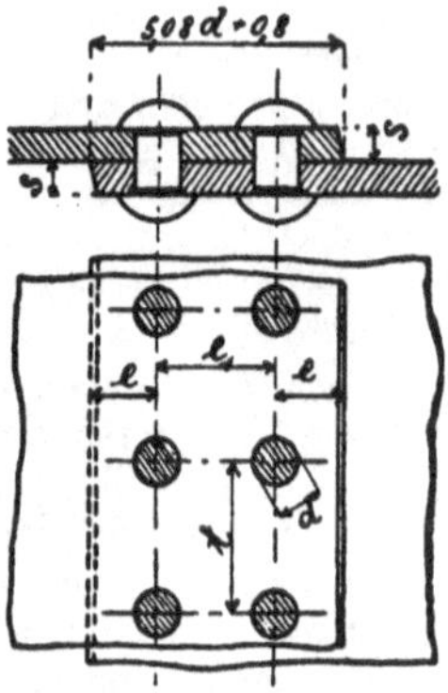

Fig. 8. Zweireihige Überlappungsnietung (sog. Parallel- oder Kettennietung)

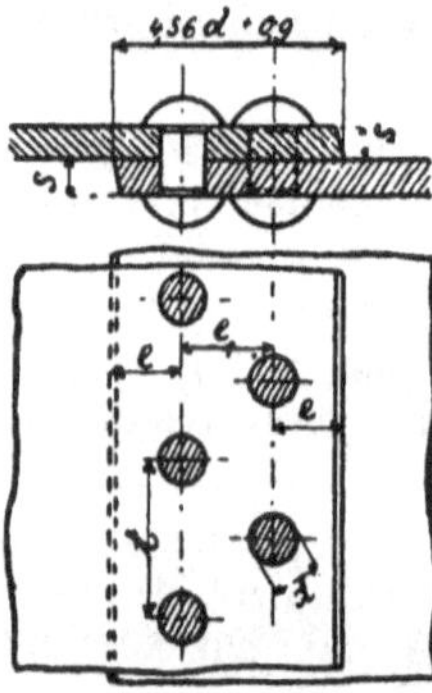

Fig. 9. Zweireihige Überlappungsnietung (sog. Zickzacknietung)

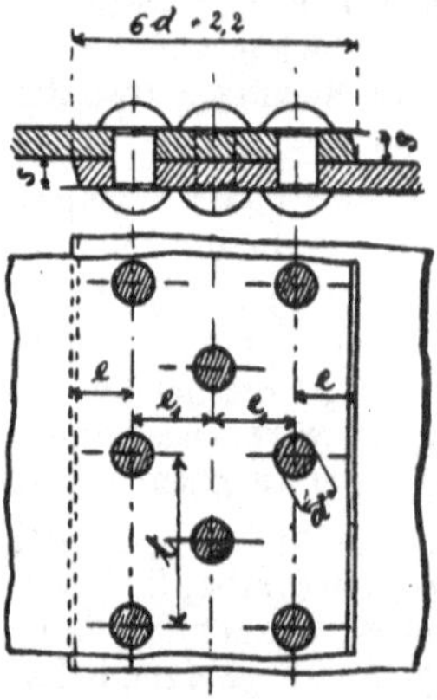

Fig. 10
Dreireihige Überlappungsnietung

Fig. 12 und 13 bogenförmig ausgeschnitten. Dies ist teuer und umständlich herzustellen, ist also möglichst zu vermeiden. Statt dessen kann auch die eine Lasche schmäler

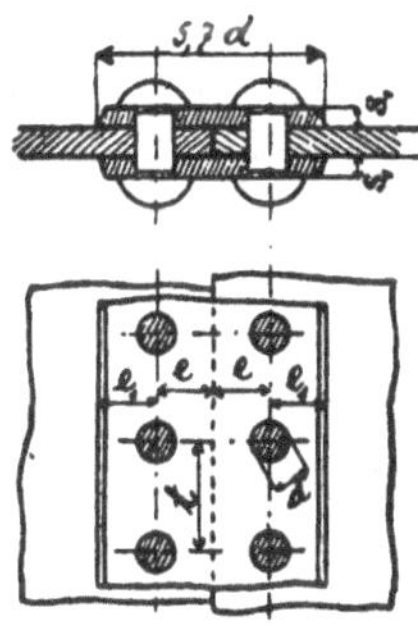

Fig. 11. Einreihige Doppellaschennietg.

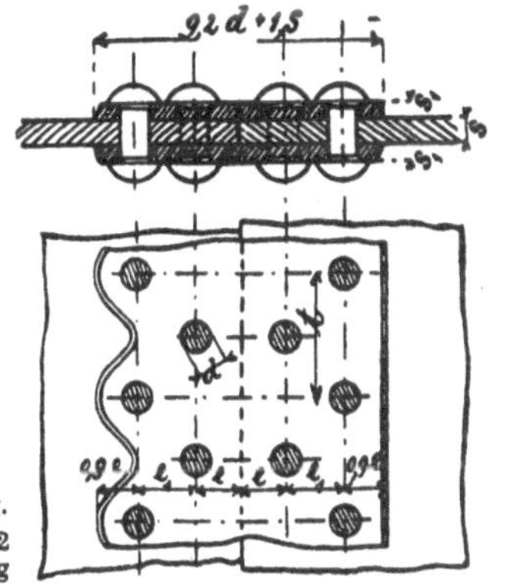

Fig. 12
Zweireihige Doppellaschennietung

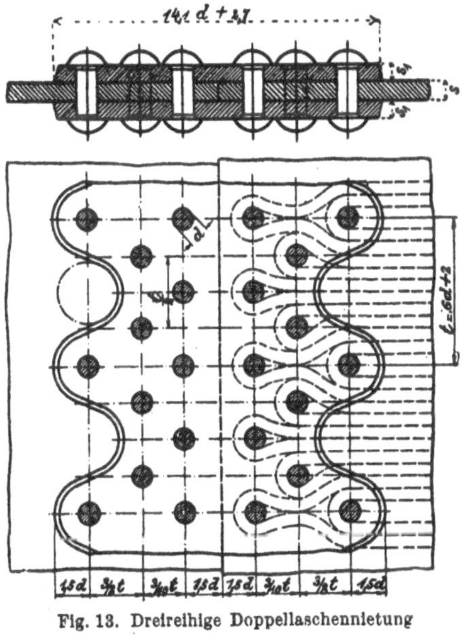

Fig. 13. Dreireihige Doppellaschennietung

ausgeführt werden als die andere. Bei einer Verbindung, wie Fig. 14 sie darstellt, muß das mittlere Blech durch Ausschmieden zugeschärft werden, damit ein dichtes Schließen der Verbindung erreicht wird.

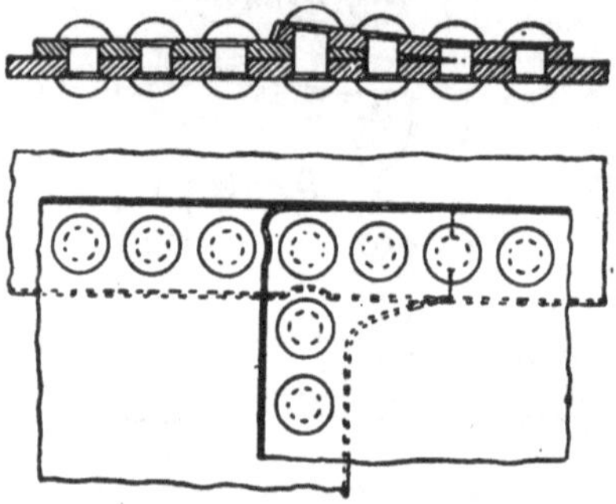

Fig. 14. Nietverbindung beim Zusammenstoßen dreier Bleche

Bei Stahlkonstruktionen, z. B. im Hebezeugbau, werden die Formstähle in den Knotenpunkten entweder direkt aufeinander gelegt und vernietet (Fig. 15) oder durch Knotenbleche miteinander verbunden (Fig. 16). Das Verstemmen ist bei ihnen nicht nötig.

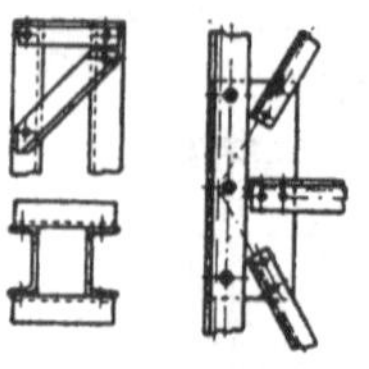

Fig. 15 Fig. 16 Vernietete Stahlkonstruktion ohne und mit Knotenblech

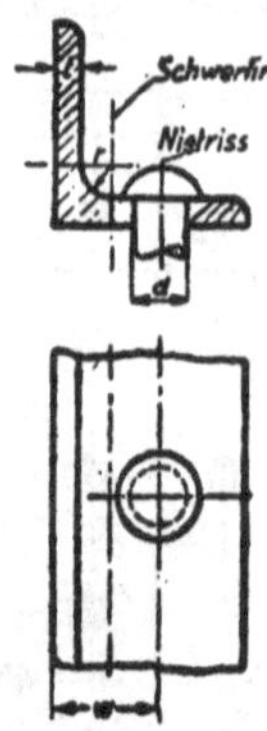

Fig. 17

Die Niete müssen bei Formstählen so weit von der Kante entfernt stehen, daß die Köpfe noch bequem geschlagen werden können (Fig. 17). Der Abstand des Nietrisses von der Kante, genannt Wurzelmaß w, muß sein $w = t + r + 0{,}75d + 3$ mm.

Der Nietriß fällt infolgedessen bei Winkeleisen nicht mit der Schwerlinie zusammen. Das dadurch entstehende Moment bleibt jedoch unberücksichtigt.

d) Die Berechnung der Vernietung. Beim Erkalten ziehen sich die Niete zusammen und pressen die Bleche aufeinander. Dabei werden die Niete bereits sehr stark auf Zug beansprucht, unter Umständen bis nahe an die Fließgrenze. Dies ist insofern unschädlich, als es sich um eine ruhende Last handelt und die äußeren Kräfte in den Nietverbindungen senkrecht zur Nietachse wirken. Ihnen wirkt wiederum die durch das Aufeinanderpressen der Bleche erzeugte Reibung entgegen.

Die Beanspruchung der Niete durch die äußeren Kräfte auf Zug ist also zu vermeiden. Wo sie nicht zu umgehen ist, wie z. B. bei Dampfdomen, soll sie 150—200 kg/cm² nicht übersteigen.

Demnach läuft die Berechnung zunächst auf die Feststellung des Gleitwiderstandes W hinaus. Ist d der Nietquerschnitt und σ_z die spezifische Zugbelastung des Niets, so ist die Zugkraft im Niet

$$P = \frac{d^2 \cdot \pi}{4} \cdot \sigma_z .$$

Mit dem Reibungswert μ wird dann an einer einschnittigen Verbindung

$$W = P \cdot \mu = \frac{d^2 \cdot \pi}{4} \cdot \sigma_z \cdot \mu .$$

An einer zweischnittigen Verbindung wäre W doppelt so groß. Diese Berechnung ist jedoch unsicher, da σ_z und μ unbekannt sind. Versuche haben ergeben, daß das Gleiten in Stahlbauverbindungen bereits unterhalb der zulässigen Belastungsgrenze auftritt. Tritt es jedoch ein, so legen sich die Niete an die Lochränder an. Dadurch werden Niet- und Lochwandung auf Druck (Lochlaibungsdruck) beansprucht. Das Loch wird zunächst unrund, und die Blechkante kann aufreißen oder das Blechstück abgeschert werden. Durch die Scherbeanspruchung kann aber auch das Niet abgeschert werden. Die Reibung bleibt unberücksichtigt. Bei Dampfkesselvernietungen bleibt die Wirkung der Gleitreibung erhalten und wird durch das Verstemmen noch erhöht.

Die Nietlöcher sind bei der Berechnung des Blechs vom Blechquerschnitt abzuziehen, sofern das Blech auf Zug beansprucht wird. Bei Druckbeanspruchung, z. B. bei Druckstäben in Fachwerken, ist dies nicht erforderlich.

Bei einschnittiger Verbindung stellen sich die Niete schräg, so daß die Bleche eine zusätzliche Biegungsspannung erfahren. Die Nietstärke d ist von der Blechstärke s abhängig und schwankt in den Grenzen von $d = s$ bis $d = s + 0{,}8$ cm, je nachdem ob die Verbindung einschnittig oder zweischnittig und ein- bis dreireihig ist. Für den Stahlbau gilt

$$d = \sqrt{5s} - 0{,}2 \text{ cm}.$$

Im Kesselbau sind folgende Abmessungen gebräuchlich (s. Tafel 2):

Tafel 2*)

Art der Verbindung	Laschenstärke	Nietdurchm. d cm	Nietabstand t_{min} cm	Randabst. e	Reihenabst. e_1	φ	Fig.
einreihige Überlappung		$s + 0{,}8$	$2d + 0{,}8$	$1{,}5d$		$\sim 0{,}58$	7
einseitige Lasche	$1{,}2 - 1{,}5s$	$s + 0{,}8$	$2d + 0{,}8$	$1{,}5d$		$\sim 0{,}58$	
zweireihige Überlappung			$2{,}6d + 1{,}5$	$1{,}5d$	$0{,}6\,t$	$\sim 0{,}7$	(8) 9
dreireihige Überlappung		$s + 0{,}8$	$3d + 2{,}2$	$1{,}5d$	$0{,}5\,t$	$\sim 0{,}76$	13
einreihige Doppellasche	$\frac{2}{3} - \frac{3}{4} - \frac{4}{5}s$	$s + 0{,}7$	$2{,}6d + 1$	$1{,}5d$	Rd. abstand $0{,}9\,e$	$\sim 0{,}68$	11
zweireihige Doppellasche	$\frac{2}{3} - \frac{3}{4} - \frac{4}{5}s$	$s + 0{,}6$	$3{,}5d + 1{,}5$	$1{,}5d$	$0{,}5 - 0{,}6\,t$	0,77	12
dreireihige Doppellasche	$0{,}8\,s$	$s + 0{,}5$	$6d + 2$	$1{,}5d$	$\frac{3}{8}\,t$ bzw. $\frac{3}{10}\,t$	0,86	13
Dichte Nietg. für Wasserbehälter, Rohre, Schornsteine		$s + 0{,}8$	$3d + 0{,}5$	$1{,}5d$		$\sim 0{,}67$	

*) Nach *Dubbel*, Taschenbuch.

Tafel 3

$s =$ 5–6	7–8	9–10	11–13	14–16	17–20	21–24	25–29	mm
$d =$ 13	16	19	22	25	28	31	34	mm

Die Nietlänge soll nicht über 3—4d bei erhabenen und nicht über 6,5d bei versenkten Köpfen betragen. Darüber sind Paßschrauben zu verwenden. Da sich die Teile zwischen den Nieten im oberen Blech anders dehnen als im unteren, werden die äußeren Niete höher beansprucht als die inneren. Im Dampfkesselbau sollen deshalb nicht mehr als drei Niete und im Stahlbau möglichst nicht mehr als fünf Niete hintereinander liegen. Sind im letzteren Fall mehr als fünf Niete erforderlich, so sind sie durch seitlich angebrachte Winkeleisen anzuschließen. Die Nietteilung ist in der Regel $e = 3\,d$ (Fig. 18), im Kranbau $e = 3{,}5\,d$. Zur Verhinderung des Aufreißens der Blechkante wird der Randabstand $e_1 = 1{,}5\,d$ gemacht (Fig. 11 u. 13). Bei dünnen Laschen geht man bis auf 1,35 d herunter. Im Stahlbau gilt $e_1 = 2\,d$ bis 2,5 d (Fig. 18).

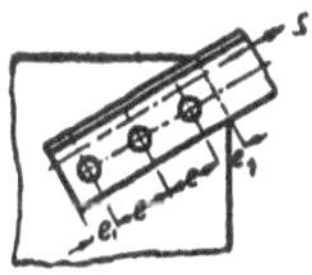

Fig. 18

Ist τ_s [kg/cm²] die Schubspannung im Niet, so ist die von einem Niet aufgenommene Kraft bei einschnittiger Vernietung

$$Q = \frac{\pi d^2}{4}\,\tau_s\,[\mathrm{kg}]$$

und bei zweischnittiger Vernietung

$$Q = 2 \cdot \frac{\pi d^2}{4}\,\tau_s\,[\mathrm{kg}].$$

Für die Berechnung auf Lochlaibungsdruck σ_l[kg/cm²] wird eine gleichmäßige Verteilung desselben auf die Projektion der gedrückten Fläche angenommen. Dann wird

$$Q = d \cdot s \cdot \sigma_l\,[\mathrm{kg}].$$

Je nach der Blechstärke ist die Schubspannung oder der Lochlaibungsdruck größer. Die zulässigen Spannungen $\tau_{s\,zul}$ und $\sigma_{l\,zul}$ richten sich nach der Festigkeit der anzuschließenden Teile, wobei $\sigma_{l\,zul} = 2\tau_{s\,zul}$ gesetzt wird. Es ist im Dampfkesselbau

$$\tau_{s\,zul} = 700\ [\mathrm{kg/cm^2}],$$

im Stahlbau $\tau_{s\,zul} = 0{,}8\,\sigma_{zul}$.

Im Dampfkesselbau kommen Vernietungen nur noch an Walzenkesseln, Lokomotiv- und Lokomobilkesseln vor. Jedoch bestehen diese Kessel dann fast durchweg aus gezogenen Schüssen, so daß die Längsnähte fortfallen und nur noch die Rundnähte genietet werden. Im übrigen geht man allgemein immer mehr zur Schweißung über.

Die Belastung der Nähte entsteht durch den inneren Überdruck. Für eine Längsnaht wird die Last gleich der halben

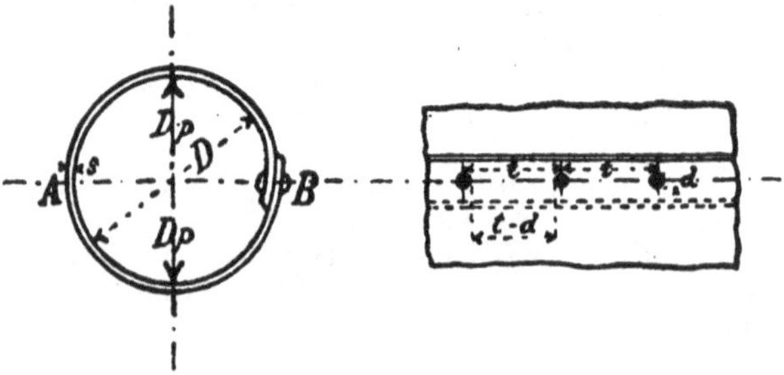

Fig. 19. Längsnaht

nach oben und unten wirkenden Kraft $D \cdot p$ in kg je laufenden cm Kessellänge (D = lichter Durchmesser, p = Dampfdruck in atü) (Fig. 19)

$$q = \frac{D \cdot p}{2} \text{ [kg/lfd. cm]}.$$

Die Spannung im Blech ist dann bei A

$$\sigma = \frac{D \cdot p}{2s} \text{ [kg/cm}^2\text{]}.$$

In B ist das Blech durch die Nietlöcher geschwächt. Ist $\varphi = \frac{(t-d)}{t}$ die Schwächung (t = Nietteilung, d = Nietdurchmesser), dann wird die Spannung in B

$$\sigma_v = \frac{D \cdot p}{2\,\varphi\, s} \text{ [kg/cm}^2\text{]}.$$

Der Gütegrad φ liegt etwa in den Grenzen von 0,56 bis 0,9; er wird für nahtlose Schüsse = 1. In die Formel wird dann noch eine Sicherheitszahl x eingeführt:

$x = 4{,}75$ bei überlappt oder einseitig gelaschten Nähten;
$x = 4{,}55$ bei einreihig doppelt gelaschten Nähten sowie bei zweireihigen, darin eine Lasche nur einseitig genietet ist;
$x = 4$ bei mehrreihigen, doppelt gelaschten Nähten.

Dann erhält das Blech nach der Vorschrift die Wandstärke

$$s = \frac{D \cdot p \cdot x}{2\varphi \cdot \sigma_B} + 0{,}1 \text{ cm}.$$

Der Zuschlag von 0,1 cm kann bei $s < 40$ mm ganz fortbleiben.

Für die Rundnaht gilt

$$q = \frac{\pi D^2}{4} \cdot p \cdot \frac{1}{\pi D} = \frac{D \cdot p}{4} \text{ [kg/lfd. cm]}.$$

Die Spannung im Blech ist also in dieser Richtung nur halb so groß. Im übrigen gilt das gleiche wie für die Längsnaht. Die Bruchfestigkeit wird gesetzt für

Kesselblech	I	$\sigma_B = 3600$ kg/cm²
Kesselblech	II	$\sigma_B = 4100$ kg/cm²
Kesselblech	III	$\sigma_B = 4400$ kg/cm²
Kesselblech	IV	$\sigma_B = 4700$ kg/cm².

Mit der Blechstärke ist der Nietdurchmesser festgelegt. Dazu gelten nach den Bauvorschriften für Landdampfkessel folgende Bestimmungen:

1. Die Nietnähte sollen stets so ausgeführt werden, daß der erforderliche Widerstand gegen Gleiten vorhanden ist.

   Der erforderliche Widerstand gegen Gleiten ist als gegeben zu betrachten, wenn die Belastung der Niete, sofern keine höhere Zugfestigkeit des Nietwerkstoffes als 38 kg/mm² nachgewiesen wird, 7 kg/mm² nicht überschreitet.

   Wird für den Nietwerkstoff eine höhere Zugfestigkeit als 38 kg/mm² nachgewiesen, so darf für den Nietdurchmesser ein im Verhältnis $\sqrt{\frac{38}{K_z}}$ kleinerer Wert eingesetzt werden, worin Kz die nachgewiesene Zugfestigkeit des Nietwerkstoffes in kg/mm² bedeutet.

2. Bei Laschennietung müssen die Laschen aus Blechen von mindestens gleicher Güte wie die Mantelbleche geschnitten werden.
3. Überlappte Mantelnähte haben hohe Biegungsbeanspruchung der Bleche im Gefolge und sollten bei höheren Drücken vermieden werden. Bei Blechen mit höherer Festigkeit als 44 kg/mm² ist Überlappungsnietung bei Mantelnähten unzulässig. Vorzuziehen ist in allen Fällen Doppellaschennietung, wobei die äußere gegen die innere Stemmkante bei nicht angezackten Laschen um etwa eine Wandstärke gegeneinander versetzt sein soll.

Die erforderliche Anzahl der Niete wird folgendermaßen berechnet: Die auf eine Nietteilung t entfallende Kraft ist für eine Längsnaht

$$Q = q \cdot t = \frac{D \cdot p \cdot t}{2} \text{ [kg]}.$$

Die erforderliche Nietzahl n_{erf}, die hier die erforderliche Anzahl von Nietreihen angibt, ist dann für einschnittige Vernietung

$$n_{\mathrm{erf}} = \frac{Q_t}{\frac{\pi d^2}{4} \cdot \tau_{S\,\mathrm{zul}}} = \frac{D \cdot p \cdot t}{2 \frac{\pi d^2}{4} \cdot \tau_{S\,\mathrm{zul}}} =$$

$$= \frac{D \cdot p \cdot d}{2\,(1 - \varphi) \frac{\pi d^2}{4} \cdot \tau_{S\,\mathrm{zul}}} = \frac{2\,Dp}{(1 - \varphi)\pi d \cdot \tau_{S\,\mathrm{zul}}}$$

und für zweischnittige Vernietung

$$n_{\mathrm{erf}} = \frac{D \cdot p}{(1 - \psi)\,\pi\,d\,\tau_{S\,\mathrm{zul}}}.$$

Die Verbindung muß erst überschlägig berechnet und dann entworfen und geprüft werden.

Im Stahlbau ist die Nietstärke durch die Profildicke festgelegt. Berechnet wird die Zahl n der Niete, mit denen der Stab anzuschließen ist, wobei zu beachten ist, ob die Lochlaibung oder die Abscherung die größere Nietzahl ergibt.

Es ist mit S = Stabkraft (Fig. 18)
auf Lochlaibung

$$n_l = \frac{S}{d \cdot s \cdot \sigma_{l\,zul}},$$

auf Abscheren

$$n_a = \frac{S}{\frac{\pi d^2}{4} \cdot \tau_{S\,zul}}.$$

Die Nietteilung ist

$$e = 3{,}0 \text{ bis } 3{,}5\,d, \qquad e_1 = 2{,}0 \text{ bis } 2{,}5\,d.$$

Der größte Nietabstand soll bei Kraftnieten nicht größer als 6 *d* sein. Alle Maße sind in Zahlentafeln festgelegt (s. Stahl im Hochbau).

Muß das Stegblech eines Vollwandträgers unterteilt werden, so entsteht ein Stoß, der durch beiderseitig aufgenietete Stoßbleche gedeckt werden muß. Die Stoßdeckung muß so stark wie der Träger werden. Der Stoß wird beansprucht durch die Querkraft und ein Moment.

II. Schweißverbindungen*)

1. Werkstoffe

Die Hauptrolle bei Schweißverbindungen spielen die geschweißten Stahlverbindungen. Sie können nach ihrer Schweißbarkeit eingeteilt werden in

a) gut schweißbare Werkstoffe, d. h. in Werkstoffe, die ohne besondere Maßnahmen geschweißt werden können und deren Verbindungen auch ohne Nachbehandlung betriebssicher sind. Als solche können alle Werkstoffe angesehen werden, deren Kohlenstoffgehalt unter 0,20% liegt und deren Reinheitsgrad den Vorschriften für die Schweißbarkeit entspricht. In den Werkstoffnormen werden sie eigens gekennzeichnet. Darunter fallen St 34, 37, 42, 52, die unlegierten Röhrenstähle St 35 und 45 sowie die legierten, warmfesten

*) DIN 1910 Grundbegriffe, Übersicht der Schweißverfahren. DIN 1911 Metallschweißen, Kunststoffschweißen.

Röhrenstähle, die in der Regel unter 0,15% Kohlenstoffgehalt aufweisen.

b) bedingt schweißbare Werkstoffe, d. h. solche, deren Schweißung mindestens eine Nachbehandlung erfordert, um volle Sicherheit gegen Brucherscheinungen zu erzielen. Als solche können alle Stähle angesehen werden, bei denen die Summe des Kohlenstoffgehalts und des auf Kohlenstoff bezogenen Äquivalentwertes der anderen Legierungsbestandteile 0,35% nicht übersteigt. Das Kohlenstoffäquivalent ist etwa $\% \mathrm{C} + \% \mathrm{Mn} + \frac{\% \mathrm{Ni}}{15} + \frac{\% \mathrm{Mo}}{4} + \frac{\% \mathrm{Cr}}{5} + \frac{\% \mathrm{Cu}}{13}$.

c) Werkstoffe, deren Verschweißung besondere Maßnahmen erfordert. Dazu gehören die Stähle, die jenseits des oben erwähnten C-Äquivalents liegen. Um eine gewisse Schweißbarkeit zu erzielen, sind besondere Maßnahmen (z.B. Vorwärmung vor dem Schweißen, Entspannen nach dem Schweißen) notwendig.

Stahlguß ist wie Stahl schweißbar. Das Schweißen von Gußeisen und Temperguß kommt nur bei Reparaturen vor und erfordert besondere Kenntnisse und Vorbereitungen.

2. Schweißstoß ist der Bereich, in dem die Teile miteinander verschweißt werden (DIN 1912).

Stoßarten: Stumpfstoß (Fig. 20 oben), Überlapptstoß (Fig. 20 Stirnkehlnaht), Parallelstoß (Fig. 20 Flankenkehlnaht), T-Stoß (Fig. 20 Eckstumpfnähte), Schrägstoß (Fig. 20 Eckstumpfnähte mit schrägen Anschlußblechen), Eckstoß (Fig. 20 Ecknaht), Mehrblechstoß (Fig. 20 Dreiblechnaht), Kreuzstoß (Fig. 20 Dreiblechnähte mit durchgehendem Blech).

3. Schweißnähte (DIN 1912)

a) Nahtarten und Nahtformen:

1. Stumpfnähte (mit Bördelvorbereitung, ohne besondere Vorbereitung, mit Fugenvorbereitung); Bördelnaht, I-Naht, V-Naht, U-Naht, X-Naht, Doppel-U-Naht.

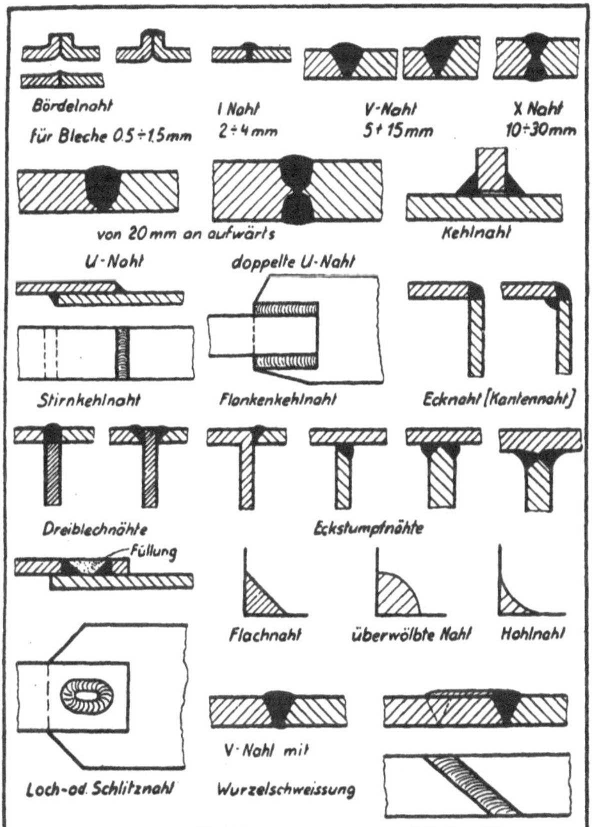
Bördelnaht
für Bleche 0,5÷1,5mm
I Naht
2÷4mm
V-Naht
5÷15mm
X Naht
10÷30mm
von 20mm an aufwärts
U-Naht
doppelte U-Naht
Kehlnaht
Stirnkehlnaht
Flankenkehlnaht
Ecknaht [Kantennaht]
Dreiblechnähte
Eckstumpfnähte
Füllung
Flachnaht
überwölbte Naht
Hohlnaht
Loch-od. Schlitznaht
V-Naht mit
Wurzelschweissung
Schrägnaht
Fig. 20.

Fig. 20

2. Stirnnähte für Bleche, die aufeinander liegen und an den Kanten verschweißt werden, mit Flachnaht und Fugennaht.
3. Kehlnähte: Innenkehlnaht (wie Fig. 20 Kehlnaht), äußere Kehlnaht (wie Fig. 20 Ecknaht).
4. Sonstige Nähte: Doppelkehlnaht mit K-Naht (wie Fig. 20 Eckstumpfnähte).

b) Querschnitt:

Flachnaht, Wölbnaht, Hohlnaht; einlagig oder mehrlagig; einseitig verschweißt oder zweiseitig verschweißt, d. h. mit Wurzelschweißung (Fig. 20 unten).

c) Nahtverlauf:

Durchlaufende Nähte, unterbrochene Nähte, gegenüberliegend (früher Kettennaht), versetzt (früher Zickzacknaht).

Bei den Verbindungen des Widerstandsschweißens unterscheidet man:

1. Stumpfnaht als Wulststumpfnaht und als Abbrennstumpfnaht beim Preßschweißen.
2. Überlappt- und Quetschnaht beim Punkt- und Rollenschweißen.
3. Reihennaht, Kettennaht und Zickzacknaht beim Punktschweißen.

4. Gestaltung der Schweißverbindungen

Bei der Gestaltung geschweißter Teile sind einmal die Forderungen der Festigkeit und Steifigkeit zu erfüllen, und außerdem sollen die Nähte so angeordnet werden, daß

1. sie leicht zugänglich sind (Fig. 21),
2. sie günstig beansprucht werden (Fig. 22),
3. sie leicht zu berechnen sind,
4. die Wärmewirkungen möglichst unschädlich bleiben bzw. gemacht werden können.

Die Anordnung der Nähte läßt sich durch Verwendung entsprechend vorgeformter oder zugeschnittener Teile oder abgekanteter Bleche beeinflussen.

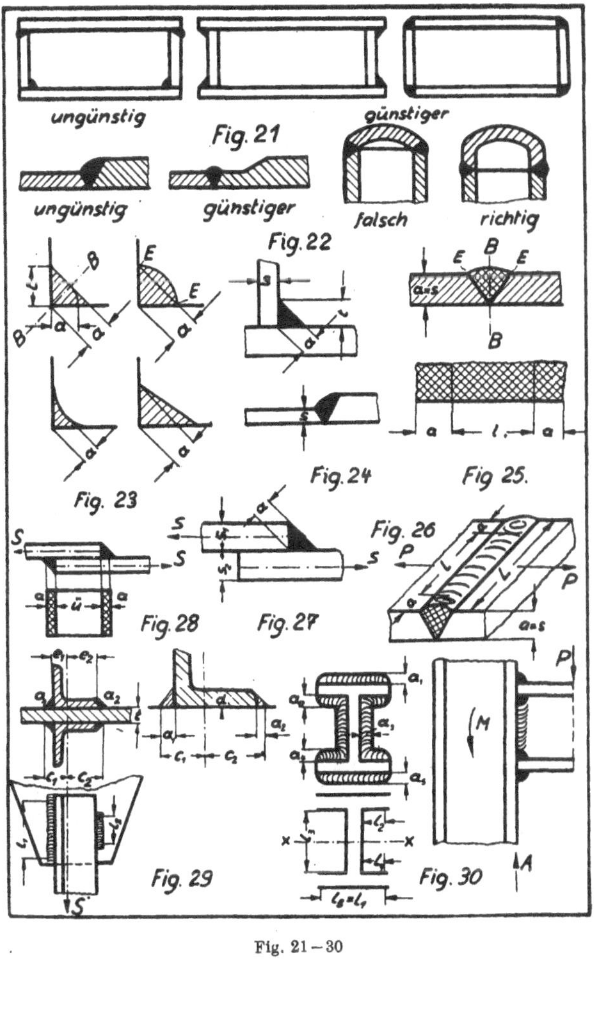
ungünstig
Fig. 21
günstiger
ungünstig
günstiger
falsch
richtig
Fig. 22
Fig. 23
Fig. 24
Fig 25.
Fig. 26
Fig. 27
Fig. 28
Fig. 29
Fig. 30

Fig. 21 – 30

Durch die Erhitzung und Abkühlung, die sich nur auf Teile des Werkstücks beschränkt, sowie durch das Schwinden der Schweißnaht entstehen Spannungen längs der Naht und quer zu ihr und Verziehungen. Insbesondere bei größeren Stücken ist bei der Anlage und Ausführung der Nähte hierauf Rücksicht zu nehmen. Bei kleineren Stücken können die Spannungen durch Glühen beseitigt werden. Auch durch Hämmern der Nähte im rotwarmen oder kalten Zustand können die Schrumpfungen und Spannungen vermindert werden.

5. Festigkeitsberechnung (DIN 4100)

a) Statische Festigkeit. Der Rechnung wird als Nahtquerschnitt das einbeschriebene, gleichschenklige Dreieck zugrunde gelegt unter der Annahme, daß die Flankenlänge t gleich der Dicke s des dünneren Blechs ist (Fig. 23 und 24).

Der Bruchquerschnitt $B-B$, der nachzurechnen ist, geht mitten durch die Naht. Für ihn gilt das Maß a als Schweißnahtdicke

$$a = \frac{t}{\sqrt{2}} = \frac{s}{\sqrt{2}} = 0{,}707\, s\,.$$

Die Raupen sollen in der Wurzel gut durchgeschweißt sein. Beim Stumpfstoß sollen sie sich allmählich und nur wenig über die Oberfläche der Bleche erheben. Durch eine dicke Raupe werden die Dehnungsverhältnisse ungünstig beeinflußt, und die Dauerfestigkeit wird verringert. Durch Nachschweißen der Wurzel wird die Festigkeit erhöht.

Schweißgüte: Normalschweißung N ohne besondere Festigkeitsanforderungen an Werkstoff und Ausführung. Festschweißung F bei statischer und dynamischer Beanspruchung bis etwa 5 kg/mm^2 für Werkstoff St 37 bis 52 und GS 38 und 52. Dichtschweißung D als ND oder FD für Behälter unter Flüssigkeitsdruck bis 8 kg/cm^2. Sonderschweißung S für sehr hohe statische und dynamische Beanspruchungen bei hoher Temperatur usw.

Im Stahlbau bei Straßenbrücken unterscheidet man Schweißnähte I. und II. Güte. Die Nähte I. Güte müssen geröntgt werden. Bei besonders wichtigen Nähten müssen die Übergänge bei E (Fig. 25), die durch Einbrandkerben gefährdet sind, durch Abschmirgeln od. dgl. geglättet werden. Zur Berechnung wird als Schweißnahtdicke a die Blechdicke s eingesetzt.

Von der Gesamtlänge L (Fig. 26) werden die Endkrater mit der Länge a abgezogen, so daß als tragende Länge das Maß l gilt. Dann ist die Spannung für Zug, Druck und Schub

$$\left.\begin{matrix}\sigma_{\text{schw}} \\ \tau_{\text{schw}}\end{matrix}\right\} = \frac{P}{\Sigma\,(a+1)} \leqq \left\{\begin{matrix}\text{zul}\,\sigma_{\text{schw}} \leqq \alpha\cdot\text{zul}\,\sigma \\ \text{zul}\,\tau_{\text{schw}} \leqq \alpha\cdot\text{zul}\,\sigma,\end{matrix}\right.$$

für Biegung (in der Randfaser)

$$\sigma_{\text{schw}} = \frac{M}{W_{\text{schw}}} \leqq \text{zul}\,\sigma_{\text{schw}} \leqq \alpha\cdot\text{zul}\,\sigma,$$

für zusammengesetzte Spannungen aus dem Moment M und der Auflagekraft A (Fig. 30)

$$\sigma_r = \sqrt{\sigma^2+\tau^2} \leqq 0{,}75\cdot\text{zul}\,\sigma$$

mit σ aus max M und τ aus der diesem zugeordneten Auflagekraft A. Außerdem muß in diesem Fall sein

$$\tau_{\text{schw}} = \frac{\max A}{\Sigma(a\cdot h)} \leqq 0{,}7\cdot\text{zul}\,\sigma.$$

Darin umfaßt $\Sigma\,(a\cdot h)$ nur die tragenden Stegnähte, so daß $\Sigma\,(a\cdot h) = 2\cdot a_3\cdot l_3$ ist.

Bei Kehlnähten ist die Flachnaht die normale Ausführung (Fig. 23). Die überwölbte Naht erfordert mehr Werkstoff und ist ungünstig. Sie birgt auch die Gefahr der Einbrandkerben bei E in sich. Die Hohlnaht ist in bezug auf die Dauerfestigkeit günstiger.

Zur Berechnung wird die Bruchfläche $B-B$ mit dem Maß a in die Anschlußebene umgeklappt. Bei einseitigen Anschlüssen wirkt außer der Zugkraft noch ein Biegungsmoment. Bezüglich der Nahtlänge gilt das gleiche wie bei den Stumpfnähten. Es gilt demnach auch die gleiche Formel.

b) Zulässige Spannungen. I. Allgemeiner Maschinenbau und Stahlhochbau (DIN 4100). (ϱ_{zul} = zul $\sigma_{schw} = \alpha \cdot \sigma_{zul}$.)

Tafel 3

Nahtart	Art der Spannung	zul. Spannung ϱ_{zul}	Bemerkung
Stumpfnähte	Zug Druck Biegung Abscheren	$1{,}0 \cdot \sigma_{zul}$ $1{,}0 \cdot \sigma_{zul}$ $1{,}0 \cdot \sigma_{zul}$ $0{,}7 \cdot \sigma_{zul}$	σ_{zul} ist die nach den bestehenden Vorschriften für den zu verschweißend. Werkstoff zulässige Spannung
Kehlnähte	für alle Beanspruchungsarten	$0{,}7 \cdot \sigma_{zul}$	

Für Schweißungen im Druckbehälterbau können durch besondere Nachweise, welche den Betrieb, den Schweißer und den Werkstoff betreffen, Berechnungsfaktoren von $0{,}8 \cdot \sigma_{zul}$ bis $1{,}0 \cdot \sigma_{zul}$ erworben werden.

Für die im Stahlbau üblichen Stähle gelten die in Tafel 4 aufgeführten Werte von σ_{zul}.

σ_{zul} [kg/cm²] im Stab oder Blech nach DIN 1050.

Tafel 4

Werkstoff	St 00	Handelsbaustahl	St 37		St 52	
Belastungsfall	1 u. 2	1 u. 2	1	2	1	2
σ_{zul}	1200	1400	1400	1600	2100	2400

Darin erfaßt:

Belastungsfall 1 die Hauptkräfte allein,
Belastungsfall 2 die Haupt- und Zusatzkräfte.

c) Dynamische Festigkeit*). Die Berechnung auf Dauerfestigkeit ist noch in der Entwicklung begriffen. Es bestehen infolgedessen noch keine endgültigen Vorschriften.

*) Thum und Erker, Schweißen im Maschinenbau, VDI-Verlag, Berlin 1943. – Hänchen, Berechnung der geschweißten Maschinenteile auf Dauerhaltbarkeit. Aus Theorie und Praxis der Elektroschweißung Heft 7, Verlag Vieweg und Sohn, Braunschweig. – Hänchen, Schweißkonstruktionen; Volk, Einzelkonstruktionen aus dem Maschinenbau.

Nach neueren Vorschlägen soll vom Spannungsausschlag σ_A, den der Werkstoff im Anlieferungszustand auf die Dauer aushält, ausgegangen werden, zu dem zwei Beiwerte v hinzugefügt werden. Der von der Schweißkonstruktion dauernd ertragbare Spannungsausschlag ist dann

zul σ_{schw} bzw. $\varrho_{zul} = \sigma_A \cdot v_1 \cdot v_2$ [kg/cm²]
Nahtformbeiwert v_1 (Hütte 28. Aufl. Bd. II A S. 18)
Gütebeiwert $v_2 = 0{,}5$ für Schweißgüte N
$= 1{,}0$ für Schweißgüte F
Sonderwert für Schweißgüte S
Ausschlagfestigkeit $\sigma_A = 1100$ kg/cm² für St 37.
Dynamische Berechnung für Stahlbau siehe DIN 4101.

d) Berechnungsbeispiele (statisch)

1. Stumpfstoß (Fig. 26)

$$s = 1{,}2\ \text{cm}, \quad L = 12\ \text{cm}, \quad St\,37$$

Schweißquerschnitt

$$f_s = a \cdot l = a \cdot (L - 2a) = s(L - 2s)$$
$$f_s = 1{,}2(12 - 2 \cdot 1{,}2) = 11{,}5\ \text{cm}^2$$

zul. Last

$$P_{zul} = f_s \cdot \varrho = 11{,}5 \cdot 1{,}0 \cdot 1400 = \underline{16100\ \text{kg.}}$$

Wird die Naht schräg gelegt, z. B. unter 45°, so ist die zul. Last größer. Es wird

$$L' = \frac{L}{\sin 45^0} = \frac{12}{0{,}707} = 17\ \text{cm}$$
$$l' = 17 - 2 \cdot 1{,}2 = 14{,}6\ \text{cm}^2$$
$$P_{zul} = 1{,}2 \cdot 14{,}6 \cdot 0{,}7 \cdot 1400 = \underline{17200\ \text{kg.}}$$

Die zul. Spannung ist $\varrho = 0{,}7\,\sigma_{zul}$, weil die Naht auf Zug und Schub beansprucht wird.

2. Bei Flankenkehlnähten wird die Länge der Nähte berechnet.

Beispiel: Anschluß zweier Winkeleisen an ein Knotenblech (Fig. 29)

$65 \cdot 65 \cdot 11$, $t = 10$ mm, $F_n = 13{,}7$ cm²
$e_1 = 2$ cm, $e_2 = 4{,}5$ cm, $d = 1{,}1$ cm
$a_1 = 0{,}7 \cdot 1{,}2 \cdot d = 0{,}7 \cdot 1{,}2 \cdot 1{,}1 = 0{,}93$ cm
$a_2 = 0{,}7 \cdot d = 0{,}7 \cdot 1{,}1 = 0{,}77$ cm
Annahme $a_1 = 0{,}9$, $a_2 = 0{,}75$

Stabkraft in einem Winkel;

$P = F_n \cdot \sigma_{zul} = 13{,}7 \cdot 1400 = 18500$ kg
$P = f_S \cdot \varrho_{zul}$, $\varrho_{zul} = 0{,}7 \cdot 1400 = 980$ kg/cm²

$$f_S = \frac{S}{\varrho_{zul}} = \frac{18500}{980} = 19 \text{ cm}^2$$

$$l_1 = \frac{S}{a_1 \cdot \varrho \left(1 + \frac{e_1}{e_2}\right)} = \frac{18500}{0{,}9 \cdot 980 \left(1 + \frac{2{,}45}{4{,}9}\right)} = 14 \text{ cm}$$

$$l_2 = \frac{S}{a_2 \cdot \varrho \left(1 + \frac{e_2}{e_1}\right)} = \frac{18500}{0{,}75 \cdot 980 \left(1 + \frac{4{,}9}{2{,}45}\right)} = 8{,}4 \text{ cm}$$

$$L_1 = l_1 + 2a_1 = 14 + 2 \cdot 0{,}9 = \underline{16 \text{ cm}}$$

$$L_2 = l_2 + 2a_2 = 8{,}4 + 2 \cdot 0{,}75 = \underline{10 \text{ cm}}.$$

III. Wellen- und Nabenverbindungen

Längere Wellen von Riementrieben, lange Schiffswellen u. dgl. bestehen aus mehreren Stücken, die starr miteinander verbunden sein müssen. Generatoren, Verdichter, Pumpen usw. müssen nachgiebig und elastisch mit der Antriebsmaschine verbunden sein, um Montageungenauigkeiten auszugleichen und Stöße und Erschütterungen abzufangen bzw. zu dämpfen. Der Kraftwagenmotor muß winkelbeweglich mit der Kardanwelle verbunden sein. Das gleiche gilt für die Wellen an Mehrfachbohrmaschinen, die außerdem noch ausziehbar sein müssen. Zur Verbindung von Wellen dienen in der Regel Kupplungen. Es sind aber, insbesondere bei ausziehbaren Wellen, auch andere Verbindungen gebräuchlich.

Die Kupplungsteile wiederum müssen ebenso wie Zahnräder und Riemenscheiben, Kurbeln und Exzenterscheiben auf Kurbel- und Exzenterwellen, fest oder beweglich mit der Welle verbunden werden. Kurbeln z. B. müssen festsitzen, Zahnräder in Getriebekästen müssen zum Teil auf der Welle verschiebbar sein. In jedem Falle wird man eine andere Verbindungsart wählen. Schließlich ist noch zu bedenken, ob die Verbindung lösbar oder unlösbar sein soll. Dazu dienen die folgenden starren Verbindungen.

A. Reibschlußverbindungen

Das zu befestigende Teil wird mit Klemm-, Preß- oder Kegelsitz auf die Welle gesetzt.

Beim Kegelsitz wird entweder auf die zylindrische Welle eine konische Büchse mit Schlitz aufgesetzt, auf die dann das Außenteil aufgeschoben wird oder das Wellenende wird konisch abgesetzt und das Außenteil aufgepreßt.

Klemmsitze werden durch Zusammendrücken der Nabe erzeugt (Fig. 31), ggf. durch Eintreiben eines Hohlkeils (Fig. 43). Diese Verbindungen sind leicht lösbar.

Mit Hilfe der Schrumpfverbindungen, die schwer lösbar sind, werden Zahnräder und Ringe auf Wellen aufgepreßt, Schneckenradkränze und Bandagen von Eisenbahnrädern aufgezogen, Wälzlager aufgesetzt, Wellen in Walzen eingesetzt usw. Weiterhin werden mehrteilige Naben von Schwungrädern und Generatoren, Schwungradkränze u. dgl. durch Schrumpfringe oder Schrumpflaschen (Fig. 31 u. 31 a) zusammengehalten.

Das übertragbare Drehmoment ist begrenzt. In manchen Fällen, z. B. bei aufgesetzten Zahnrädern und Wälzlagern, hat der Schrumpfsitz bzw. Preßsitz im wesentlichen die Aufgabe, einen guten Sitz zu gewährleisten. Soll dann noch ein Drehmoment übertragen werden, so werden dafür Keile oder Paßfedern eingelegt. Für diese Preßsitze werden die in den Passungen festgelegten Abmaße gewählt.

Bei Schrumpfringen kann das erforderliche Untermaß des Ringes berechnet werden. Nach einer Faustformel, die die zulässige Spannung im Ring berücksichtigt, wird das Schrumpfmaß gleich 0,001 D gemacht. Bei der Berechnung der Schrumpfverbindungen ist zu beachten, daß eine zusätzliche Spannung des aufgeschrumpften Teils (Schrumpflasche oder Schrumpfringe) durch die äußeren Kräfte, z. B. Fliehkräfte, nicht auftritt, solange die dadurch erzeugte Dehnung das Schrumpfmaß nicht übersteigt. Darüber hinaus tritt eine Lockerung der Verbindung ein. Für die Berechnung einer Schrumpflasche ergibt sich folgendes: Die Entfernung zwischen den Hammerköpfen sei l_r und möge sich durch die Schrumpfkraft um den Betrag Δl_r verkürzen. Dann ist die

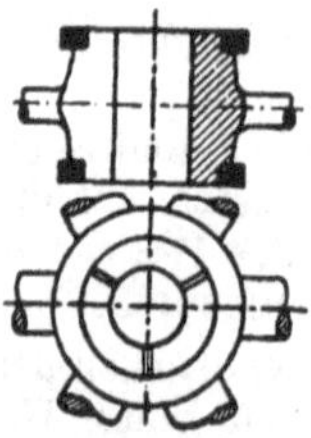

Fig. 31
Schrumpfringe auf einer Nabe

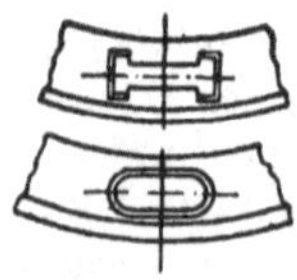

Fig. 31a. Schrumpfring und Schrumpflasche an einem Schwungradkranz

Länge im Schrumpfzustand $l_r - \Delta l_r$. Die ursprüngliche Länge der Lasche sei l_u, die durch die Zugkraft in der Lasche um den Betrag Δl_u auf die endgültige Länge $l_u + \Delta l_u$ gedehnt wird.

Dann ist $$l_r - \Delta l_r = l_u + \Delta l_u .$$

Außerdem ist die Dehnung

$$\varepsilon = \frac{\sigma}{E} = \frac{\Delta l}{l} .$$

Also wird

$$\Delta l_r = \frac{\sigma_r \cdot l_r}{E_r} \text{ und } \Delta l_u = \frac{\sigma_1 \cdot l_u}{E_1} .$$

Bei gegebener Länge l_r wird die Länge l_u

$$l_u = \frac{E_1}{E_r} \cdot \frac{(E_r - \sigma_r)}{(E_1 + \sigma_1)} \cdot l_r .$$

Mithin wird mit z. B.

$$l_r = 200 \text{ mm} \qquad E_1 = 2100000 \text{ kg/cm}^2$$
$$E_r = 800000 \text{ kg/cm}^2 \qquad \sigma_{1\text{zul}} = 1500 \text{ kg/cm}^2$$
$$\sigma_{r\text{zul}} = 1000 \text{ kg/cm}^2$$

$$l_u = \frac{2100000\,(800000 - 1000)\,200}{800000\,(2100000 + 1500)} = 199{,}608 \text{ mm}.$$

Um bequemer eingelegt werden zu können, muß die Lasche auf eine Länge von 200.02 mm erwärmt werden, also um 0,312 mm. Das entspricht einer Erwärmung auf etwa 140°.

Die Verbindung mit einer Schrumpflasche ist nicht so gut, da der Hammerkopf nicht immer gut anliegt und dann leicht abspringt und Ungenauigkeiten in der Bearbeitung sich zu stark auswirken.

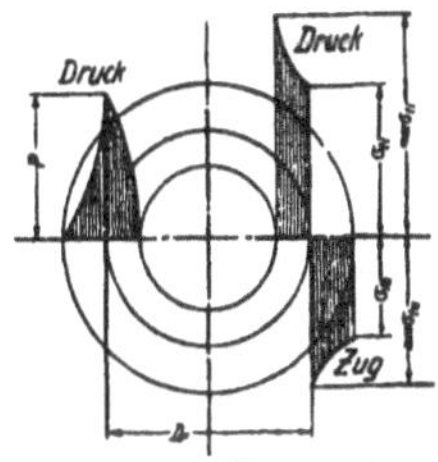

Fig. 32
Spannungen im Schrumpfsitz

Die Berechnung aufgeschrumpfter runder Körper geht davon aus, daß zwei Ringe aufeinandergepreßt werden, die entweder nur fest sitzen sollen, wie z. B. Schrumpfringe auf einer mehrteiligen Nabe (Fig. 30), oder noch ein Drehmoment zu übertragen haben, wie z. B. aufgeschrumpfte Räder, Kurbeln, Schneckenradkränze und Bandagen auf Eisenbahnrädern.

Es treten Radial- und Tangentialspannungen auf (Fig. 32). Die ersteren sind Druckspannungen und bewirken das Haften in der Fuge. Die Tangentialspannungen beanspruchen den Innenkörper auf Druck und sind an der Innenwand am größten und den Außenkörper auf Zug und sind ebenfalls an seiner Innenseite am größten. Bei der Schrumpfung wird der innere Teil um den Betrag ϱ_1 zusammengepreßt und der äußere Teil um ϱ_2 gedehnt, so daß der Gesamtunterschied (das Schrumpfmaß) $\varrho = \varrho_1 + \varrho_2$ ist.

Der innere Teil habe die Radien r_a und r_i und der äußere die Radien R_a und R_i; der endgültige Fugenradius sei R.

Dann ist

$$\varrho_1 = r_a - R, \quad \varrho_2 = R - R_i, \quad \varrho = r_a - R_i.$$

Die größte Tangentialspannung im Innenteil ergibt sich aus der Berechnung als Rohr mit Beanspruchung auf Außendruck zu

$$\sigma_{ti\,\max} = -2p\,\frac{r_a^2}{r_a^2 - r_i^2}.$$

Für zähe Werkstoffe ist

$$-\sigma_{ti\,\max} \leqq 2\,\tau_{zul}.$$

Die radiale Verkürzung ist

$$\varrho_1 = p\,\frac{r_a}{E_i}\left[\frac{r_a^4 + r_i^4}{r_a^4 - r_i^4} - \frac{1}{m}\right] = p\,\frac{r_a}{E_i}\left(\frac{a^2+1}{a^2-1} - \frac{1}{m}\right),$$

wenn $a = \frac{r_a}{r_i}$ gesetzt wird. $m = \frac{10}{3}$ ist die Poissonsche Zahl und p der Flächendruck in der Fuge.

Für die Vollwelle wird

$$\varrho_1 = \left(1 - \frac{1}{m}\right)\frac{p}{E_i}\cdot r_a = 0{,}7\,\frac{p}{E_i}\cdot r_a.$$

Die größte Tangentialspannung im Außenteil wird nach der Formel für Rohre auf Innendruck

$$\sigma_{ta\,\max} = p\,\frac{R_a^2 + R_i^2}{R_a^2 - R_i^2} = p\,\frac{a_2^2+1}{a_2^2-1} \leqq \sigma_{zul}.$$

Die Dehnung wird

$$\varrho_2 = p\,\frac{R_i}{E_a}\left[\frac{R_a^2 + R_i^2}{R_a^2 - R_i^2} + \frac{1}{m}\right] = p\,\frac{R_i}{E_a}\left(\frac{a_2^2+1}{a_2^2-1} + \frac{1}{m}\right),$$

worin $a_2 = \frac{R_a}{R_i}$ ist.

Soll ein Drehmoment übertragen werden, so ist, wenn U die Umfangskraft in der Fuge, P die Anpreßkraft auf die Schrumpffläche F ist,

$$M_d = U \cdot R \leqq P \cdot \mu \cdot R = F \cdot p \cdot \mu \cdot R$$

mit $F = 2R\pi \cdot b.$

Für den Radius R kann das Nennmaß eingesetzt werden. Die Reibungszahl μ ist stark abhängig von dem Zustand der Schrumpfflächen. Sie ist um so höher, je glatter die Flächen sind. Spuren eines Schmiermittels setzen sie stark herab, während eine dünne Oxydschicht sie erhöht (bis $\approx 0{,}3$). Durch Aufstreuen von feinkörnigem Carborundum auf die Welle konnte sie bei Versuchen bis auf 0,65 erhöht werden. Bei vorsichtiger Rechnung setzt man $\mu = 0{,}05$ bis 0,1, bei Kurbelwellen 0,2 bis 0,3.

Treten außer den Schrumpfspannungen noch Spannungen durch Fliehkräfte auf, so ist zu prüfen, ob das Schrumpfmaß durch diese aufgehoben wird. Außerdem werden die Spannungen durch die Form der Teile beeinflußt, z.B. wenn der Mantelkörper als scheibenförmiges, elastisches Gebilde auf einer Vollwelle oder Hohlwelle sitzt oder ein Kranz mit großem Durchmesser und geringer Wandstärke auf eine Scheibe oder ein Speichenrad aufgezogen wird (Radbandage auf Eisenbahnrad, Bronzekranz auf Schneckenrad).

An der Ansatzstelle des aufgeschrumpften Teils entstehen Spannungsspitzen, die die Dauerfestigkeit des Innenteils herabsetzen.

B. Formschlußverbindungen

1. Hierzu gehören die fast durchweg leicht lösbaren Verbindungen mit Paßfedern, Gleitfedern und Stiften.

a) Federn. Federn haben rechteckigen Querschnitt und keinen Anzug. Sie dienen nicht zur Befestigung, sondern zur Mitnahme und sind je nach dem Zweck in der Welle oder in der Nabe befestigt. In der Regel werden sie angeschraubt. Da sie nicht an der Rückenfläche anliegen, müssen sie die Umfangskräfte an den Flanken übertragen und deshalb gut eingepaßt sein.

Man unterscheidet Paß- und Gleitfedern. Bei letzteren muß eine Verschiebung der Teile auf der Welle möglich sein. In DIN 269 sind sie genormt. Für Werkzeuge und Werkzeugmaschinen sind in DIN 138 und 144 Sondermaße festgelegt. Die Befestigung der Gleitfedern auf der Welle geschieht nach DIN 145. Scheibenfedern (Fig. 33) liegen in einer gefrästen Nut. Sie werden als Federn verwendet, gestatten aber auch das Aufkeilen einer Nabe, die eine Nut mit Anzug hat. Sie stellen sich selbsttätig nach der Steigung der Nut ein, schwächen aber die Welle erheblich. Sie sind in DIN 304 genormt. In Wechselgetrieben von Werkzeugmaschinen wird noch der Ziehkeil verwendet, der eine verschiebbare Paßfeder darstellt, die in der Welle gleitet und in das jeweils anzutreibende Zahnrad hineingeschoben wird.

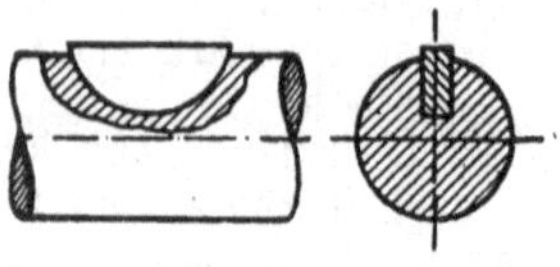

Fig. 33. Scheibenfeder

Die Nut in der Welle stellt eine Kerbe dar, wobei die Kerbwirkung durch die scharfen Kanten im Innern der Nut noch verstärkt wird. Das mit der Welle übertragbare Drehmoment richtet sich nach dem Wellendurchmesser abzüglich der Nuttiefe.

b) Stifte. Paßstifte werden eingesetzt, wenn zwei Teile in ihrer Lage zueinander gesichert werden sollen. Z. B. an aufgepreßten oder aufgeschrumpften Naben wird in der Fuge ein Loch gebohrt und ein Stift eingeschlagen. Die Befestigung eines Kurbelgriffs oder die Sicherung der Lage eines Lagers geschehen durch solche Stifte, die auch Kräfte aufnehmen können.

Zylinderstifte sind in DIN 7, Kegelstifte in DIN 1 und solche mit Gewindezapfen in DIN 257 und 258 festgelegt.

Eine besondere Art sind die Kerbstifte, die an einer oder an mehreren Stellen der Länge nach aufgeschlitzt sind und durch die vorstehenden Kanten im Loch festgehalten werden.

Beim Einschlagen oder Eindrücken des Kerbstiftes in ein zylindrisches und nicht nachbearbeitetes Bohrloch, dessen Durchmesser gleich dem Durchmesser des ungekerbten Ausgangsmaterials ist, wird der verformte Werkstoff teilweise infolge der Elastizität der Kerbwulste in die Kerbfurchen zurückgedrängt; der Stift verspannt sich federnd unter hoher Wandpressung.

Splinte werden aus Draht mit halbkreisförmigem Querschnitt zusammengebogen. Nach dem Eintreiben werden die

Enden auseinandergespreizt. Sie können keine Kräfte aufnehmen.

2. Vielkeilverbindungen werden vorwiegend angewendet bei Gelenkwellen von Kraftfahrzeugen und Werkzeugmaschinen und anderen Kraftfahrzeugteilen wie Hinterachswellen, Kupplungsscheiben, Gelenkflanschen u. dgl. Im übrigen sind sie für diesen Zweck auch in weiten Durchmesserbereichen genormt.

Diese Verbindungen übertragen das Mehrfache an Drehmoment als einfache Federn oder Keile, und die Nabe sitzt genau zentrisch. Erfahrungsgemäß tragen 75% der Flanken. Sie werden mit 4 bis 20 Flanken ausgeführt. Man unterscheidet nach den Normen und Vorschriften Vielkeilverbindungen mit Evolventenflanken, die mit dem Abwälzfräser hergestellt werden können und bei denen wie bei Zahnrädern auch die Profilverschiebung vorgenommen werden kann, und mit geraden Flanken, auch Keilwelle oder Sternkeilwelle genannt (Fig. 34). Die Zentrierung kann am Innendurchmesser, an den Flanken oder am Außendurchmesser erfolgen.

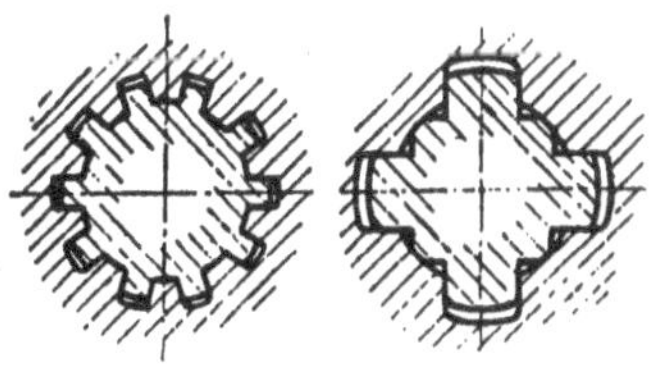

Fig. 34

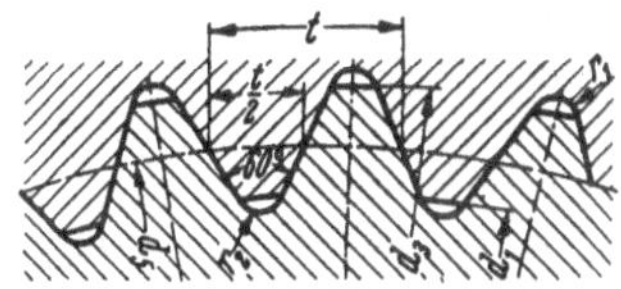

Fig. 35. Kerbverzahnung mit 60° Lückenwinkel der Welle (aus Klingelnberg)

Ähnlich ist die Kerbverzahnung mit geraden oder Evolventenflanken (Fig. 35). Sie ist auch für kegelige Zapfen verwendbar. Infolge der vielen Anlageflächen (z. B. 39 Zähne bei 50 mm ∅) sind die Flächenpressung und die Kerbwirkung gering. Die Umfangskraft erzeugt aber radiale Kräfte, die die Nabe dehnen.

3. Das K-Profil will die Nachteile der Einkeilverbindung und die teuere Herstellung der Sternkeilwelle mit dem not-

wendigen Fräserauslauf vermeiden. Es ist ein abgerundetes Dreiecksprofil für Welle und Bohrung (Fig. 36) und für zylindrische und konische Zapfen anwendbar. Die Herstellung ist billig, die gehärtete Bohrung kann genau geschliffen werden. Die Gefahr der Härterisse besteht nicht. Die federnde Verdrehung ist gering, so daß die kritische Drehzahl höher liegt als bei Sternkeilwellen. Der Übergang zur Rundwelle kann gut abgerundet werden, und Sackbohrungen können ohne Schwierigkeiten K-Profile erhalten.

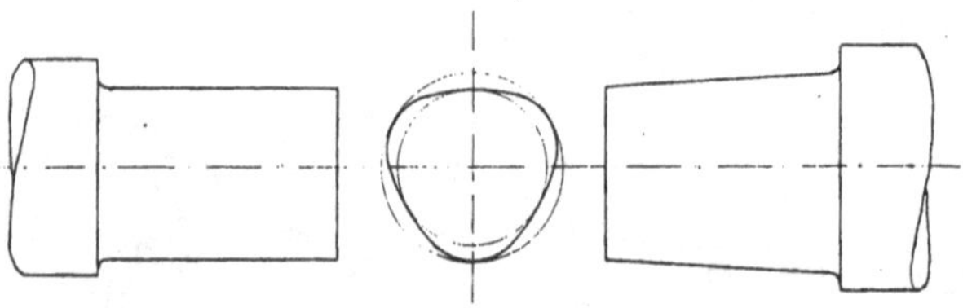

Fig. 36. K-Profil

4. Vorgespannte Formschlußverbindungen sind die Keilverbindungen.

a) Allgemeines über Keile. Der Keil hat die Aufgabe, zwei Körper durch Gegeneinanderpressen in eine feste Verbindung zu bringen. Seine Kraftäußerung beruht auf der Wirkung der schiefen Ebene, die durch den Anzug, das Verhältnis $\frac{a}{l} = \operatorname{tg}\alpha$, dargestellt wird. Keile können mit einfachem und doppeltem Anzug hergestellt werden (Fig. 37 und 38). Wird der Keil A (Fig. 39) mit der Kraft K in seiner Längsrichtung verschoben, so wirkt er auf den Körper B in der Querrichtung mit der Kraft Q. Ohne Wirkung der Reibung ist

$$K = Q \cdot \operatorname{tg}\alpha.$$

Die an den Keilflächen entstehende Reibung muß von der Kraft K ebenfalls überwunden werden. Der Reibungswert wird durch den Winkel ϱ (Reibungswinkel) dargestellt, $\mu = \operatorname{tg}\varrho$, und es ist zum Eintreiben des Keils die Kraft erforderlich

$$K = Q\,\mathrm{tg}(\alpha + \varrho) + Q \cdot \mathrm{tg}\varrho .$$

Der Wert $Q \cdot \mathrm{tg}\varrho$ gilt für die Reibung des Keiles auf der Unterlage. Die zum Halten des Keils erforderliche Kraft ist

$$K' = Q\,\mathrm{tg}(\alpha - \varrho) - Q \cdot \mathrm{tg}\varrho .$$

Diese Kraft muß negativ werden, wenn Selbsthemmung bestehen soll. Andernfalls gleitet der Keil unter dem Druck der Kraft Q hinaus. Es muß also sein

$$\mathrm{tg}(\alpha - \varrho) - \mathrm{tg}\varrho < 0 \text{ bzw. } \alpha - \varrho < \varrho, \text{ d. h. } \alpha < 2\varrho .$$

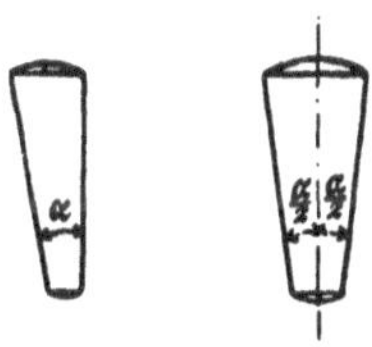

Fig. 37 Fig. 38
Keile mit einseitigem und doppeltem Auszug

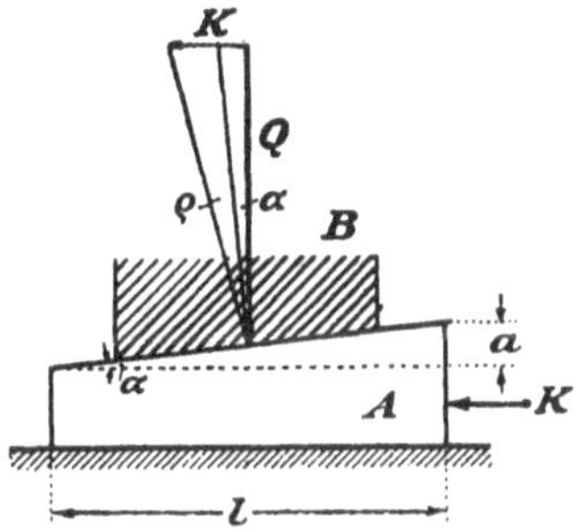

Fig. 39. Kraftwirkungen am Keil

Für $\mu = 0{,}05$ für geschmierte Flächen ist $2\varrho = 6^0$ entsprechend einer Keilsteigung $\frac{1}{10}$. Stellkeile erhalten eine größere Steigung und müssen deshalb gegen Herausgleiten gesichert sein.

Der Kraftübertragung entsprechend unterscheidet man Querkeile und Längskeile.

b) Querkeile. Querkeile dienen zur Erzeugung oder Übertragung von Kräften quer zu ihrer Längsrichtung und werden verwendet als Befestigungskeile z. B. Kol-

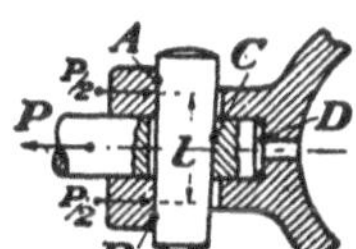

Fig. 40
Befestigungskeil an einem Kreuzkopf

benstange im Kreuzkopf (Fig. 40), Gestängeschloß und als Stellkeile in Lagern und Stangenköpfen (Fig. 41). Fig. 42 zeigt die üblichen Keilformen. Der Querschnitt *a* ist vorzuziehen, obwohl *b* leichter herzustellen ist. Bei letzterem ist die Kerbwirkung im Keilloch nachteilig. Die schräge Anlagefläche muß in der Regel von Hand angepaßt werden. Bei Stößen und Kraftwechsel sind die Keile zu sichern. Für das Steigungsverhältnis gilt etwa folgendes:

Tafel 5. Keilsteigungen

zum Nachstellen	für öfteres Lösen	für dauernde Befestigung
$\frac{a}{l} = \frac{1}{5}; \frac{1}{8};$	$\frac{1}{10}; \frac{1}{12}; \frac{1}{15};$	$\frac{1}{20}; \frac{1}{30}; \frac{1}{50}$ und $\frac{1}{100}$ bis $\frac{1}{200}$

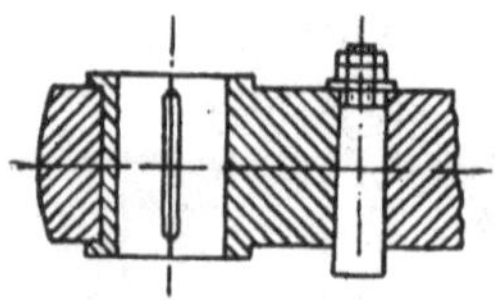

Fig. 41. Nachstellkeil an einem Stangenkopf

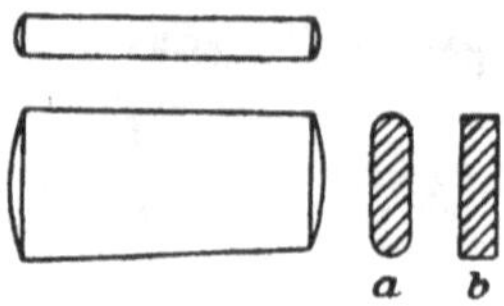

Fig. 42 Die üblichen Keilformen

Die Berechnung des Keils (Fig. 40) erfolgt auf Biegung nach der Formel

$$M_b = \frac{P \cdot l}{4} = W \cdot \sigma_b \quad [\text{cm/kg}],$$

wobei das W Widerstandsmoment des Keilquerschnitts ist.

$$W = \frac{b h^2}{6} \quad [\text{cm}^3].$$

Bei dem Keilquerschnitt mit abgerundeten Ecken wird die Rundung durch ein Rechteck von der mittleren Höhe ersetzt.

Die Stellen A, B, C und D sind auf Flächenpressung nachzurechnen. Bei A und B kommt die Kontrolle auf Abscheren hinzu. Stange und Hülse werden auf Zug berechnet.

Bei Keilen, die unter voller Belastung eingetrieben werden müssen, darf die Flächenpressung wegen der Gefahr des Fressens nur gering sein.

c) Längskeile. Längskeile dienen zur Befestigung von Rädern, Scheiben, Hebeln, Kurbeln u. dgl. auf Achsen und Wellen. Sie liegen in der Längsrichtung der Achse oder Welle in Nuten, die auf ihrer ganzen Länge gleich tief gehobelt oder gefräst sind. Die Nuten in den Naben erhalten den Anzug, der in der Regel 1/100 beträgt.

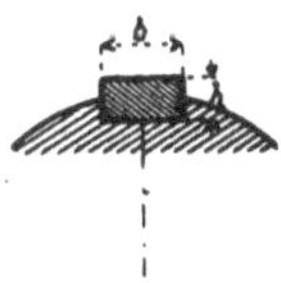
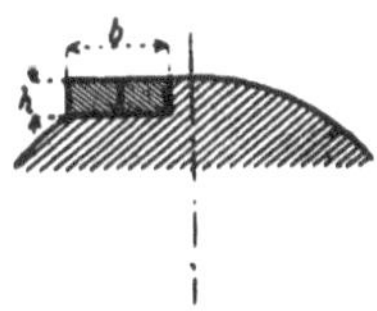

Fig. 43 Fig. 44 Fig. 45 Fig. 46

Querschnittformen von Längskeilen

Man unterscheidet nach der Querschnittsform: Hohl-, Flach- und Nutenkeile (Fig. 43 bis 45) und nach der Art des Einbaus: Einleg-, Treib- und Nasenkeile. Einlegkeile werden in die passende Nute eingelegt, und die Nabe wird aufgeschoben. Treibkeile werden nachträglich eingetrieben. Nasenkeile tragen zum bequemen Ein- und Ausbau am Ende eine Nase. Sie müssen durch eine aufgesetzte Kappe gegen Hängenbleiben gesichert sein.

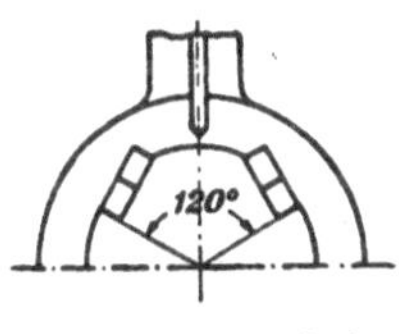

Fig. 47. Tangentkeile

Tangentkeile (Fig. 46 und 47) liegen in tangential angeordneten Nuten und haben außen parallele Flächen und den Anzug innen. Sie werden paarweise um 120° gegeneinander versetzt angeordnet. Man verwendet sie vorwiegend bei schweren Schwungrädern. Sie sind genormt:

a) für gewöhnliche Betriebsverhältnisse in DIN 271;
b) für stoßartigen Wechseldruck in DIN 268.

Vielfach wird die Welle mit Rücksicht auf das Eintreiben des Keils abgesetzt.

Die Keilformen sind durch DIN 141 bis 143 und 290 bis 500 vereinheitlicht. Die Verwendung der Keilarten bei Riemenscheiben ist in DIN 110 festgelegt.

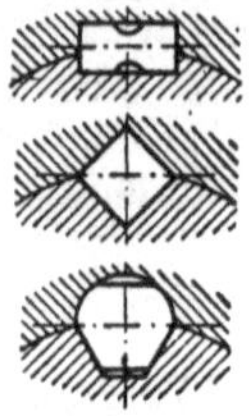

Fig. 48—50
Fig. 48 Rinnenkeil v. Roemmele
Fig. 49. Spießkantkeil
Fig. 50. Alfakeil

Der Druck auf den Keil wirkt an seiner Rückenfläche. Durch wechselnde Beanspruchung drücken sich die Seitenkanten nieder. Dem begegnet Roemmele durch Anordnung einer Rinne in der Mitte des Keils (Fig. 48). Er erreicht dadurch gutes Anliegen an den Kanten und kann bei eingerosteten Keilen durch die Rinne Petroleum einführen. Andere Spezialkeile sind der Spießkantkeil (Fig. 49), ein auf die Spitze gestellter Quadratkeil und der Alfakeil von v. Bechtolsheim (Fig. 50), der aus Rundstahl hergestellt wird und zwei schräge Flanken mit Anzug besitzt. Diese geben bei guter Einpassung eine gute Verspannung nach zwei Seiten.

IV. Schrauben

a) Allgemeines

Wird die Ebene eines Winkels $B\,A\,C$ (Fig. 51) so um einen Kreiszylinder gewickelt, daß der Schenkel $B\,A$ im Grundkreis des Zylinders liegt, so bildet der andere Schenkel $C\,A$ eine Schraubenlinie. Der Punkt C kommt nach E. Gleitet auf der Schraubenlinie ein Gewindequerschnitt entlang, so entsteht eine Schraube. Je nachdem die Aufwicklung von A aus nach rechts wie in Fig. 51 oder nach links wie in Fig. 52 vorgenommen wird, spricht man von einem Rechts- oder Linksgewinde.

Die Strecke $AE = h$ ist die Ganghöhe. Der Keilwinkel α wird zum Steigungswinkel des Schraubengangs. Die Steigung ist

$$\operatorname{tg}\alpha = \frac{h}{2r\pi} = \frac{h}{\pi d}\,.$$

Der Außendurchmesser d (Fig. 53) bezeichnet die Stärke des erforderlichen Bolzens. Der innen im Gewinde gemessene Durchmesser d_1 ist der Kerndurchmesser, der für die Trag-

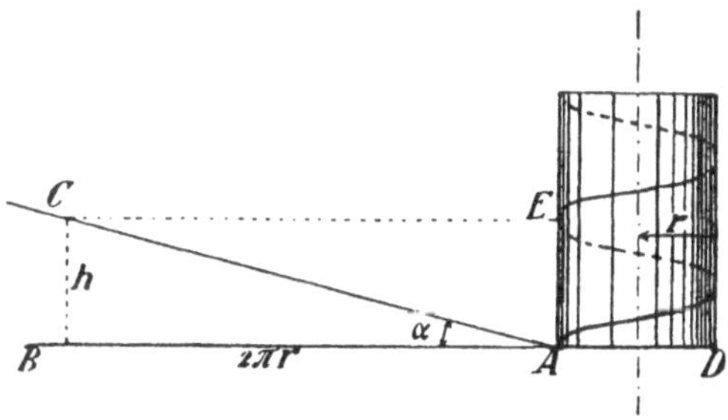

Fig. 51
Entstehung der Schraube (Rechtsgewinde)

Fig. 52
Linksgewinde

fähigkeit der Schraube maßgebend ist. Die Gangtiefe des Gewindes ist dann

$$t = \frac{d - d_1}{2}.$$

Bezeichnet man den mittleren Flankendurchmesser mit d_f, so ist die mittlere Steigung der Schraube

$$\operatorname{tg}\alpha = \frac{h}{\pi d_f}.$$

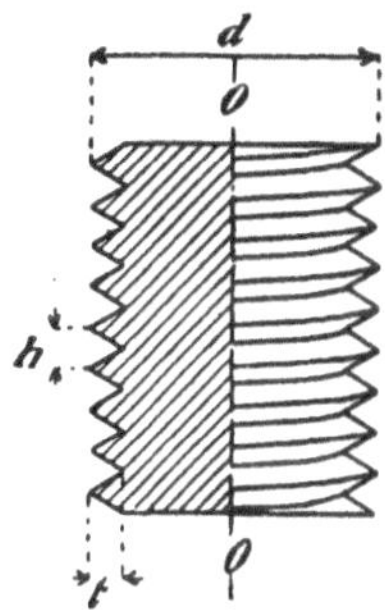

Fig. 53
Scharfgängige Schraube, Rechtsgewinde

Schrauben können ein- und mehrgängig sein. Bei ersteren wird das Gewinde durch einen einzigen umlaufenden Querschnitt gebildet. Bei letzteren laufen zwei oder mehr Querschnitte parallel um den Zylinder herum. Man unterscheidet scharfgängiges Gewinde (Fig. 53 und 60 bis 62) und Flach-, Trapez-, Rund- und Sägengewinde, je nach der Form des umlaufenden Querschnitts (Fig. 59 und 54 bis 56). Sämtliche Gewindeformen sind genormt.

Die Mehrzahl der Schrauben, insbesondere die Befestigungsschrauben, sind eingängig und haben scharfgängiges Rechtsgewinde. Außer den Schrauben für Befestigungszwecke unterscheidet man noch Bewegungsschrauben. Diese sind ein- oder mehrgängig und haben meist Flachgewinde, an dessen Stelle

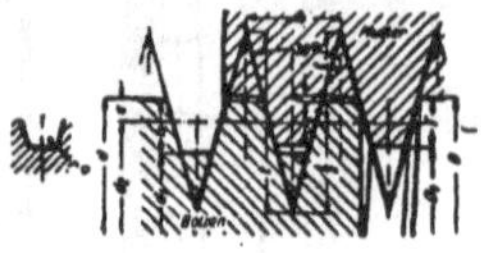

Maße in mm

$t = 1{,}866\,h$
$t_1 = 0{,}5\,h + a$
$t_2 = 0{,}5\,h + a - b$
$T = 0{,}5\,h + 2a - b$
$c = 0{,}25\,h$

Fig. 54. Trapezgewinde

wegen der besseren Führung der Schraube und der leichteren Herstellung heutzutage lieber Trapezgewinde verwendet wird.

Die zeichnerische Darstellung der Schrauben ist in DIN 27 festgelegt. Danach wird bei der Schraube die Außenkante ausgezogen und der Kern gestrichelt. Beim Schraubenloch wird entsprechend die innere Begrenzung ausgezogen und die äußere gestrichelt. Bei Sondergewinden werden einige Gänge der größeren Klarheit wegen gezeichnet (Fig. 57 bis 59).

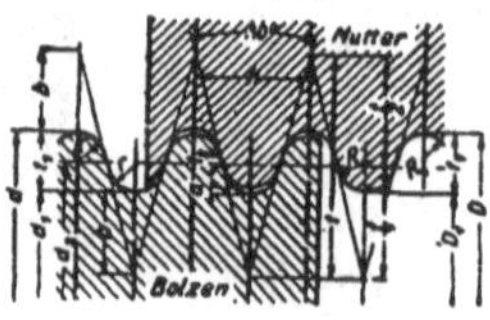

Maße in mm

$h = \frac{25{,}40095}{z}$
$t = 1{,}86603\,h$
$t_1 = 0{,}5\,h$
$t_2 = 0{,}08350\,h$
$a = 0{,}05\,h$
$b = 0{,}68301\,h$
$r = 0{,}23851\,h$
$R = 0{,}25597\,h$
$R_1 = 0{,}22105\,h$

Fig. 55. Rundgewinde

b) Die Gewindearten

1. Das Whithworth-Gewinde (Fig. 60). Dieses aus England stammende Gewinde ist auf dem Zollmaß aufgebaut. Die Größenbezeichnung richtet sich nach dem Außendurchmesser. Der Gewindequerschnitt ist ein gleichschenkliges Dreieck mit einem Spitzenwinkel von 55° und einer Höhe $t_0 = 0{,}96\,h$ (wenn h die Ganghöhe ist). Spitze und Grund

sind abgerundet, so daß die wirkliche Ganghöhe $t = \frac{2}{3} t_0$ $= 0{,}46\, h$ ist. Mutter und Schraubengewinde sollen genau ineinander passen. Die Gangzahl wird je Zoll angegeben. Die Normen für dieses Gewinde sind in DIN 11 festgelegt.

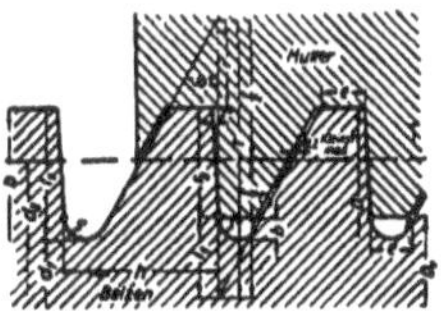

$t = 1{,}73205\, h$ $\quad i = 0{,}52507\, h$
$t_1 = t_2 + b$ $\quad i_1 = 0{,}45698\, h$
$t_2 = 0{,}75\, h$ $\quad b = 0{,}11777\, h$
$e = 0{,}26384\, k$ $\quad r = 0{,}12427\, h$

Fassung der Gewindedurchmesser von Bolzen u. Mutter: sW = sG

Fig. 56. Sägengewinde

In DIN 12 ist außerdem noch ein Gewinde mit Spitzenspiel vorgeschrieben, bei dem die Spitzen um 0,074 h gekürzt sind. Für die Angabe der Schrauben mit Whitworth-Gewinde in Stahlkonstruktionszeichnungen gelten nach DIN 139 besondere Sinnbilder.

Das Whitworth-Rohrgewinde dient zur Verbindung von schmiedeeisernen Rohren durch Muffen und Nippel. Es hat die gleiche Querschnittform wie das normale Whitworth-Gewinde, ist aber feiner und hat mehr Gänge auf einem Zoll. Für die Bezeichnung gilt der lichte Durchmesser des Rohres. Der deutschen Norm (DIN 259) liegt die englische Ausführung zugrunde. DIN 260 bringt das Rohrgewinde mit Spitzenspiel. Das Gewinde muß dicht sein, aber auch Längskräfte in den Rohren übertragen können. Wegen seiner geringen Tiefe und Steigung wird es auch zu anderen Zwecken (z. B. an Kolbenstangen- und Schubstangenköpfen) gern verwendet.

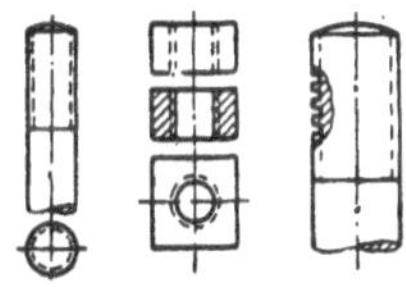

Fig. 57 Fig. 58 Fig. 59
Zeichnerische Darstellung von Gewinden

2. Das metrische Gewinde oder SJ-Gewinde (SJ = Système Internationale) ist im Jahre 1898 durch eine Vereinbarung von deutschen, schweizerischen, französischen und belgischen Ingenieuren zustande gekommen. Es gilt für die gleichen Zwecke wie das Whitworth-Gewinde und

erfreut sich zunehmender Verbreitung. In Deutschland ist es vorgeschrieben. Es ist in DIN 13 und 14 für Durchmesser von 1 bis 149 mm festgelegt.

Der Gewindequerschnitt ist ein gleichseitiges Dreieck mit der Seitenlänge h (Fig. 61). Der Spitzenwinkel beträgt demnach 60°. Im Grunde ist es abgerundet, und die Spitzen sind um 0,045 h gekürzt. Die wirkliche Tragtiefe wird somit

$$t = \frac{3}{4} t_0 = 0{,}65\,h .$$

Eine Reihe von metrischen Feingewinden ist in DIN 241 bis 243 und 516 bis 521 enthalten. Darunter befinden sich

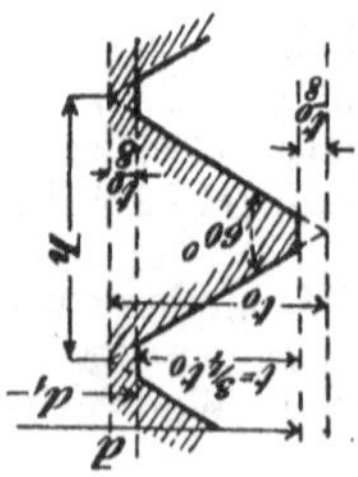

Fig. 60
Withworth-Gewinde

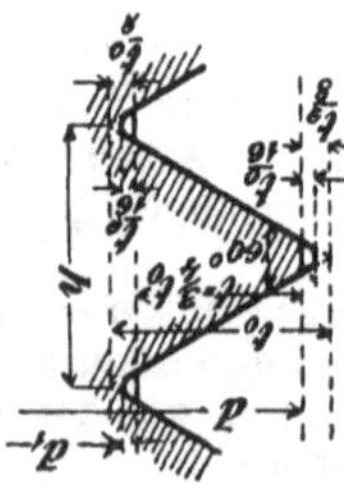

Fig. 61
S. I. - Gewinde

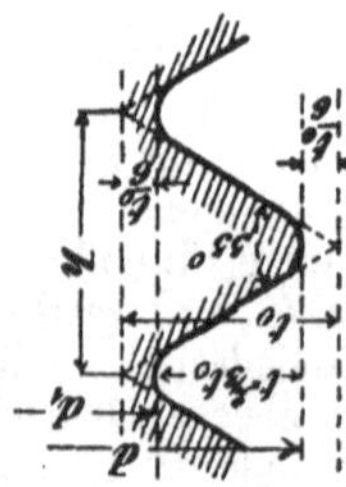

Fig. 62
U. S. St. - Gewinde

auch einige Reihen mit sehr geringen Steigungen für die Feinmechanik.

Das Whitworth-Gewinde sowie das in der Elektrotechnik und von den Mechanikern noch vielfach verwendete Löwenherz-Gewinde sollen allmählich durch das metrische Gewinde ersetzt werden.

3. Das United-States-Standard-Gewinde (U.S.St.-Gewinde, Fig. 62) beruht auf der im Jahre 1864 von Sellers angegebenen Gewindeform. Zur Bezeichnung dient der äußere Durchmesser in englischen Zoll. Es hat ebenfalls einen Spitzenwinkel von 60°. Da die Mutter die Schraube passend umschließen soll, sind besondere Toleranzen erforderlich.

4. Das Trapez-, Sägen- und Rundgewinde. Während die vorigen Gewindearten für Befestigungsschrauben

galten, dienen diese den Bewegungsschrauben und -spindeln.

Das Trapezgewinde (Fig. 54) dient als Ersatz für das bisher meist verwendete Flachgewinde. Die Normblätter DIN 103, 378 und 379 bringen ein normales sowie ein Fein- und ein Grobgewinde. Der Gewindequerschnitt ist ein Trapez mit einem Flankenwinkel von 30°.

Das Sägengewinde (Fig. 56) wird bei hochbelasteten Spindeln benutzt. Es ist in DIN 513, 514 und 515 genormt. Das Spiel an der Rückenflanke kann in besonderen Fällen fortgelassen werden.

Das Rundgewinde (Fig. 55) wird da verwendet, wo Unempfindlichkeit gegen Schmutz und Rost erwünscht ist. Die genormten Abmessungen ergeben sich aus DIN 405.

5. Holzschrauben haben scharfes Gewinde, Spitzenwinkel von 60° und große Steigung, so daß zwischen den Gängen freie Kernflächen entstehen. Sie sind genormt in DIN 95 bis 97, 570 und 571.

6. Für Gewinde an Schutzgläsern, Porzellan- und Gußkappen, gedrückte Gewinde an dünnwandigen Rohren, Panzerrohrgewinde und Gasflaschengewinde sind Sondergewinde genormt worden. Bei letzteren war dabei die Möglichkeit der Verwechslung der Flaschen auszuschließen.

Einen Überblick über die Normen der Konstruktionsgewinde gibt DIN 202.

c) Gestaltung und Herstellung der Schrauben

Läuft das Gewinde am glatten Bolzen aus, so kann es in voller Tiefe nur dann bis zum Schluß durchgeschnitten werden, wenn am Ende eine Nut oder ein vorgebohrtes Loch zum Auslaufen des Werkzeugs vorhanden ist. Andernfalls wird es in den letzten Gängen allmählich flacher. Das Gewinde kann von Hand mit der Kluppe bzw. dem Gewindebohrer hergestellt werden. Maschinell wird das Gewinde entweder auf der Drehbank geschnitten oder auf den glatten Bolzen aufgerollt. Das gerollte Gewinde hat einen günstigeren Faserverlauf als das geschnittene, bei dem die Fasern zerschnitten werden. Es ist dem geschnittenen überlegen. Nachrollen des vorgeschnittenen Gewindegrundes erhöht die Zugwechselfestigkeit sehr stark. Das Bolzenende wird mit Rund- oder Kegelkuppe oder mit Kern- oder Splintansatz (DIN 78) versehen.

Stiftschrauben erhalten an beiden Enden Gewinde. Kopfschrauben erhalten einen je nach dem Verwendungszweck ausgebildeten Kopf. Man unterscheidet Sechskantkopf-, Rund-, Vierkant-, Hammerkopf-, Zylinder-, Halbrund-, Linsen-, Senk-, Linsensenk- und Kreuzlochschrauben. Sämtliche Formen sind genormt. Schlitzschrauben haben im Kopf einen durchgehenden Schlitz für den Schraubenzieher. Besser sind Innenkantschrauben mit einem kurzen Kreuzschlitz. Der Kopf kann auch einen Innensechskant oder Innenvierkant bekommen. Der Schlüssel ist dann entsprechend ein Sechskant- oder Vierkanteisen. Die Kopfhöhe ist nach DIN 931 mit 0,7 d festgelegt. Teilweise ist man der Gewichtsersparnis wegen schon auf 0,5 d heruntergegangen.

Die Schraube sitzt in einem Muttergewinde, das in den betreffenden Konstruktionsteil oder in eine besondere Mutter eingeschnitten ist. Sitzt das Muttergewinde in Gußeisen, so ist die Länge des eingeschraubten Gewindes mit Rücksicht auf das leichte Ausbrechen mindestens 1,5 d zu machen. Die Mutterhöhe hängt von der Flächenpressung, der Scher- und Biegungsbeanspruchung im Gewinde und der Schlüsselweite ab. Die normale Mutter erhält die Höhe $h = 0{,}8\,d$. Bronzemuttern auf Stahlbolzen macht man 1,2 bis 1,5 d hoch. Für andere Muttern, die es in vielfältiger Ausführung gibt, sind andere Maße vorgeschrieben. Muttern, die oft gelöst werden, macht man ebenfalls etwas höher. Werden sie nur von Hand bedient, so nimmt man Flügelmuttern. In manchen Fällen erhält die Mutter nur die halbe Höhe. Fig. 63 zeigt die Ausführung der normalen Mutter. Die Schlüsselweiten w sind für das Whitworth- und das metrische Gewinde in DIN 475 festgelegt. Bei der normalen Ausführung wird die Mutter zusammengedrückt, während der Bolzen gedehnt wird. Mutter und Bolzengewinde verformen sich also in entgegengesetzter Richtung, und die unteren Gewindegänge der

Mutter werden überbeansprucht. Der erste Gang übernimmt 25 bis 50% der Schraubenkraft. Eine Entlastung derselben kann auf verschiedene Weise erfolgen, durch veränderliche Steigung oder veränderlichen Flankendurchmesser oder durch Verändern der Biegesteifigkeit der einzelnen Gänge oder durch Gestaltung der Mutter derart, daß sie auch auf Zug beansprucht wird (Fig. 64 u. 65). Die Muttern werden mit Schraubenschlüsseln angezogen, die aus Flußstahl gepreßt, aus Stahlblech gestanzt oder aus Temperguß hergestellt werden. Die Länge der Schlüssel ist 15–21 d. Der Schaft steht in Richtung der Maulöffnung oder um 45° gegen sie versetzt. Für versenkte Schrauben benutzt man Steckschlüssel. Runde Muttern erhalten Einschnitte für Hakenschlüssel.

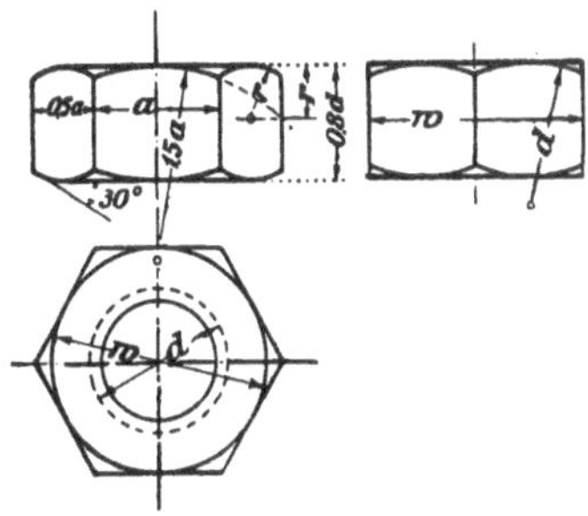

Fig. 63. Normale Mutter

Als Befestigungsschrauben nimmt man Kopfschrauben, Durchsteckschrauben, Doppelmutterschrauben und Stiftschrauben. Sitzt das Muttergewinde in Gußeisen, so vermeidet man Kopfschrauben und verwendet statt dessen Stiftschrauben. Die Stiftschraube trägt an beiden Enden Gewinde. Das eine Ende wird in den Konstruktionsteil eingeschraubt; auf das andere setzt man die Mutter. Die Einschraubtiefe richtet sich nach dem Werkstoff des Werkstücks. Eine Durchsteckschraube ist eine Stiftschraube mit zwei Muttern. Sie wird da verwendet, wo das Durchstecken einer Schraube mit Kopf nicht möglich ist. Alle Längen sind genormt.

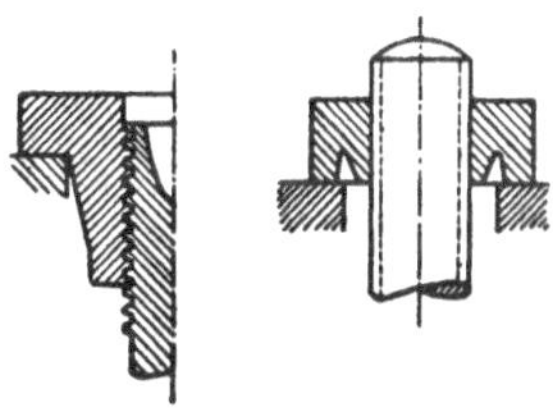

Fig. 64 u. 65. Muttern mit Zugspannung im Gewindeteil

Zur Vergrößerung der Auflagefläche und wenn diese unbearbeitet, uneben oder schief ist, werden Unterlegscheiben untergelegt, die gegebenenfalls geneigte Flächen haben. Die Abmessungen sind genormt.

Der übliche Schraubenwerkstoff ist St 38.13 oder als bessere Qualität St C 35.61. In manchen Fällen kommen auch unlegierte oder legierte Vergütungsstähle vor. Für Heißdampfleistungen kommen Sonderstähle in Frage. Leichtmetallschrauben haben keine genügende Kerbzähigkeit und eine zu niedrige Streckgrenze.

Die Schrauben werden aus Sechskanteisen blank gedreht oder aus rohen Rundeisen mit warm angestauchtem Kopf hergestellt. Bei kleineren Schrauben können die Köpfe auch kalt geschlagen werden. Der angestauchte Kopf ist wegen des günstigeren Faserverlaufs haltbarer als der aus dem Vollen geschnittene. Der Übergang vom Schaft zum Kopf muß gut abgerundet sein.

d) Kraftverhältnisse und Berechnung der Schrauben.

Die zum Verschieben der mit Q belasteten Mutter erforderliche Kraft H wirkt am mittleren Flankenhalbmesser $r = \frac{r_1 + r_2}{2}$ (Fig. 66). Sie wird nach den Gesetzen der schiefen Ebene berechnet und setzt sich zusammen aus der zum Heben erforderlichen Kraft H_0 und der zur Überwindung der Reibung notwendigen Kraft. Ohne Berücksichtigung der Reibung ist

$$H_0 = Q \cdot \text{tg}\alpha.$$

Setzt man für den Reibungswert μ den Tangens des Reibungswinkels ϱ, so wird mit Berücksichtigung der Reibung

$$H = Q \cdot \text{tg}(\alpha + \varrho).$$

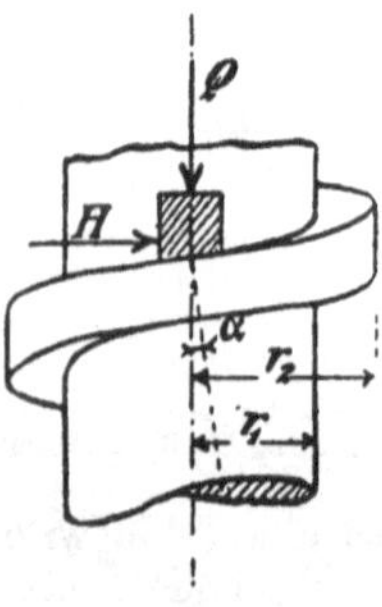

Fig. 66. Kraftwirkung an der Schraube

Das Verhältnis $\frac{H_0 = \text{theoretische Kraft}}{H = \text{wirkliche Kraft}}$ ist der Wirkungsgrad

$$\eta = \frac{H_0}{H} = \frac{\operatorname{tg}\alpha}{\operatorname{tg}(\alpha + \varrho)}.$$

Ist z. B. an einer Bewegungsschraube mit Flachgewinde die Steigung $\alpha = 5^0$ und der Reibungswert $\mu = 0{,}1$ oder $\varrho = 6^0$, so wird

$$\eta = \frac{\operatorname{tg} 5^0}{\operatorname{tg}(5 + 6)^0} = 0{,}45,$$

d. h. 45 % der aufgewendeten Arbeit werden in Nutzarbeit umgewandelt und 55 % sind Verlust durch Reibung. Mehrgängige Schrauben haben einen größeren Steigungswinkel und damit auch einen größeren Wirkungsgrad. Für $\alpha = 0$ und $\alpha = 90^0 - \varrho$ wird $\eta = 0$. Der höchste Wirkungsgrad liegt bei $\alpha = 45^0 - \frac{\varrho}{2}$ und wird für $\varrho = 6^0$, entsprechend $\mu = 0{,}1$ für Bewegungsschrauben, $\eta_{max} = 0{,}81$. Das Anzugsmoment für die Mutter ist

$$M = H \cdot r = Q \cdot r \cdot \operatorname{tg}(\alpha + \varrho).$$

Mit $\operatorname{tg}\alpha = \frac{h}{2\pi r}$ und $\operatorname{tg}\varrho = \mu$ wird

$$M = Q \cdot r \frac{h + 2\pi r \mu}{2\pi r - h \cdot \mu}.$$

Beim Lösen der Schraube ist diese als schiefe Ebene aufzufassen, auf der die Last Q abwärts gleitet und durch die Reibung behindert wird. Die von Q ausgehende Lösekraft ist

$$H' = Q \operatorname{tg}(\alpha - \varrho),$$

d. h., solange ϱ größer als α ist, besteht Selbsthemmung. Wird aber α größer als ϱ, so löst sich die Schraube von selber. Beim scharfgängigen Gewinde wird der Normaldruck auf die Flanken infolge deren Kegelgestalt größer und damit auch die Reibung etwas größer. Der Wirkungsgrad wird kleiner.

Ist β der halbe Spitzenwinkel des Gewindeprofils, so wird der Reibungswert

$$\mu' = \operatorname{tg}\varrho' = \frac{\mu}{\cos\beta} \approx 0{,}2.$$

Für eine Schraube mit metrischem Gewinde M 10 wird damit der Wirkungsgrad $\eta = 0{,}2$.

Die Berechnung der Schrauben

Die Schrauben werden beansprucht durch die Vorspannung und die Betriebslast, wobei gegebenenfalls noch zu berücksichtigen ist, ob sie unbelastet oder unter Last angezogen werden. Die Betriebslast kann außerdem als ruhende Last ohne besondere Nebenwirkungen auftreten, sie kann aber auch durch Wärmedehnung der verspannten Teile zusätzlich erhöht werden oder als schwellende bzw. Wechsellast auftreten.

Werden zwei Teile durch eine Schraube mit der Vorspannkraft V miteinander verspannt (Fig. 67), so werden sie bei

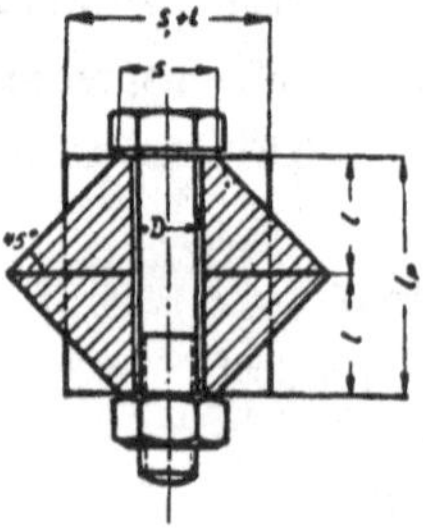

Fig. 67

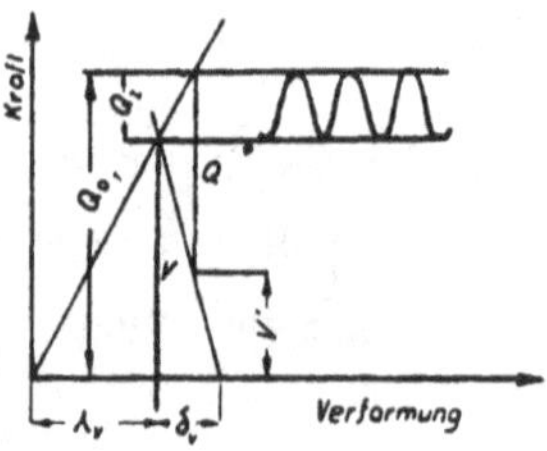

Fig. 68

elastischer Verformung um das Maß δ_v zusammengedrückt, während die Schraube um λ_v gedehnt wird. In den verspannten Teilen bilden sich Druckkegel aus, an deren Stelle zur Berechnung von δ_v entsprechende Zylinder eingesetzt werden, wie in Fig. 67 dargestellt ist. Trägt man über der jeweiligen Kraft die zugehörige Formänderung des betreffenden Teils auf, so erhält man das Formänderungsdreieck, aus dem die Kraftverhältnisse entnommen werden können (Fig. 68). Wird nun die Betriebslast Q aufgebracht, so nimmt die Dehnung der Schraube um $\Delta\lambda$ zu und die Stauchung δ_v entsprechend ab. V' ist dann die verbleibende Vorspannkraft und Q_0 die Gesamtschraubenkraft. Wird $Q = Q_0$, so wird die Vorspannung aufgehoben und die Verbindung lockert sich. Bei Schwellbelastung zwischen O und Q stellt sich der in Fig. 68 rechts gezeichnete Zustand ein. Die Zugkraft der Schraube schwankt zwischen V und Q_0.

Der Berechnung wird der Kernquerschnitt des Gewindeteils zugrunde gelegt. Die gefährdetsten Querschnitte liegen am Übergang vom Bolzen zum Kopf sowie vom Bolzen zum Gewinde, also im ersten Gewindegang und am Eintritt in die Mutter.

Die in dem Querschnitt auftretende Zugspannung ist

$$\sigma_z = \frac{Q_0}{\frac{\pi d_1^2}{4}},$$

wenn die Schraube unter Last angezogen wird.

Da der Kerndurchmesser d_1 nicht immer bekannt ist, kann man bei überschlägigen Berechnungen auch vom Außendurchmesser d ausgehen, mit dem die Schrauben bezeichnet werden. Das Verhältnis der beiden ist bei den üblichen Schraubengrößen

$$\frac{d_1}{d} = 0{,}63 \text{ bis } 0{,}70 .$$

Mit dem Wert 0,63 wird

$$\sigma_z = \frac{Q_0}{0{,}5\, d^2} .$$

Wird die Schraube unbelastet angezogen, so wirkt nur die Vorspannungskraft V. Mit dieser wird

$$\sigma_z = \frac{V}{\frac{\pi d_1^2}{4}} \text{ bzw. } \sigma_z = \frac{V}{0{,}5\, d^2} .$$

Zu dieser Zugbeanspruchung kommt noch eine Verdrehungsbeanspruchung aus dem Drehmoment beim Anziehen der Schraube hinzu.

$$M_1 = Q_0 \cdot r_m \cdot \operatorname{tg}(\alpha + \varrho') \text{ bzw. } M_1 = V \cdot r_m \cdot \operatorname{tg}(\alpha + \varrho').$$

Die Verdrehungsspannung ist dann

$$\tau = \frac{M_1}{\frac{\pi d_1}{16}} .$$

Erfahrungsgemäß ist sie ungefähr halb so groß wie die Zugspannung, also

$$\tau \approx 0{,}5\,\sigma_z.$$

Setzt man die beiden Spannungen zur Gesamtspannung σ_i zusammen, so wird nach der Gestaltänderungshypothese*)

$$\sigma_i = \sqrt{\sigma_z^2 + 3\tau^2} = 1{,}32\sigma_z.$$

Für das gesamte an der Schraube wirkende Anzugsmoment gilt folgendes: An der Mutter wirke der Schlüssel von der Länge L, an dem die Handkraft P angreife (Fig. 69). Das an der Mutter wirkende Moment ist dann

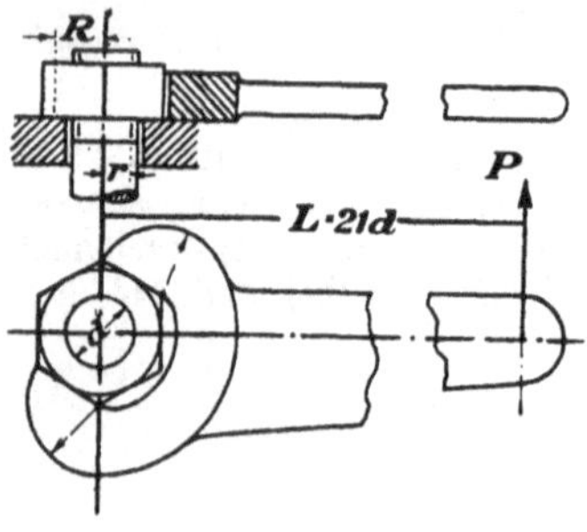

Fig. 69. Kraftverhältnisse an Befestigungsschrauben

$$M = P \cdot L.$$

Ein Teil M_1 hiervon dient zur Erzeugung der Längskraft Q_0 bzw. V. Für die scharfgängige Schraube wird

$$M_1 = Q_0 \cdot r \cdot \operatorname{tg}(\alpha + \varrho').$$

Ein weiterer Teil M_2 dient zur Überwindung der Reibung an der Auflagefläche der Mutter

$$M_2 = Q_0 \cdot R \cdot \operatorname{tg}\varrho.$$

Also ist

$$M = P \cdot L = M_1 + M_2 = Q_0[r\operatorname{tg}(\alpha + \varrho') + R\operatorname{tg}\varrho].$$

Die Beanspruchung des Schraubenschafts rührt nur von M_1 her.

Kleine Schrauben müssen vorsichtig angezogen werden, da in ihnen sonst unzulässig hohe Spannungen entstehen und sie abgewürgt werden. Große Schrauben dagegen müssen mit verlängertem Schlüssel (aufgeschobenem Gasrohr) angezogen werden.

*) Hütte 27. Aufl., I. Bd., S. 702, Wiegand und Haas S. 14.

Bei kleineren Schrauben sind deshalb bei der Berechnung die zul. Beanspruchungen geringer und bei größeren höher zu wählen. Der Verband der Dampfkesselüberwachungsvereine hat eine Erfahrungsformel aufgestellt, die auch für andere Zwecke gut verwendbar ist. Danach wird der Kerndurchmesser

$$d_1 = c\sqrt{Q} + 0{,}5\ \mathrm{cm}$$

Die Größe c hängt vom Werkstoff und der Güte der Herstellung von Schraube und Auflagefläche ab. Dementsprechend gilt $c = 0{,}04$ bei Werkstoff, der den polizeilichen Bedingungen entspricht, sauberer Herstellung und weichen Dichtungsstoffen, $c = 0{,}045$ bei guten Schrauben und guter Bearbeitung, $c = 0{,}055$ bei weniger guter Ausführung.

Die normale Schraube hat einen Schaft, der dicker ist als der Gewindeteil. Dadurch wird die Hauptbeanspruchung in den letzteren verlegt, der durch das als Kerbe wirkende Gewinde noch besonders geschwächt ist. Die Dauerhaltbarkeit der Schraube wird infolgedessen erhöht, wenn der Schaft dünner gemacht wird, wodurch seine Dehnfähigkeit vergrößert wird. Aus dem gleichen Grunde wird man stets möglichst lange Schrauben verwenden. Bei Heißdampfleitungen ist noch zu beachten, daß die Flanschenschrauben kälter sind als die Flanschen, durch die größere Wärmedehnung der letzteren also insbesondere während der Anheizzeit zusätzlich beansprucht werden. Hierzu werden Schrauben mit einer Festigkeit von 100 kg/mm² verwendet, deren Vorspannung überwacht wird. Ist die wirksame Schraubenkraft nicht mit der nötigen Genauigkeit zu berechnen, so muß eine entsprechende Sicherheit eingeführt werden. Dies ist insbesondere bei stoßweiser Beanspruchung der Fall. So gehen z. B. Schubstangenschrauben selbst bei 20facher Sicherheit gelegentlich noch zu Bruch. Für sie gilt in besonderem Maße das über die Dehnfähigkeit des Schafts Gesagte. Man macht den Schaftquerschnitt durch Abdrehen oder Ausbohren gleich dem Kernquerschnitt des Gewindeteils.

Ist z die Zahl der tragenden Gänge, d_f der mittlere Flankendurchmesser und t_t die Tragtiefe des Gewindes, so ist die

Flächenpressung im Gewinde

$$p = \frac{Q}{z\pi d_f t_t}\,.$$

Für p sind folgende Werte zulässig, und zwar die höheren bei selten bewegten und die niedrigeren bei häufig bewegten Schrauben (nach Rötscher):

weicher Schweiß- oder Flußstahl auf gleichem Werkstoff oder auf Bronze	$p = 300$	100 kg/cm²,	
härterer Stahl auf Stahl oder Bronze .	$= 400$	130 kg/cm²,	
härterer Stahl auf Gußeisen (möglichst zu vermeiden)	$= 150$	50 kg/cm².	

Das Gewinde wird noch auf Biegung und Abscheren beansprucht. Die Biegungsspannung wird wie folgt berechnet:

Man denkt sich das tragende Gewinde abgewickelt und nimmt an, daß die Kraft Q an dem Hebelarm $^3/_8\, t$ (t = Gewindetiefe) angreift. Dann ist das an einem Gewindegang angreifende Moment

$$M_b = \frac{Q}{z} \cdot \frac{3}{8} t \quad [\text{cm/kg}].$$

Der gefährliche Querschnitt liegt am Kerndurchmesser d_1 und ist ein Rechteck mit der Breite πd_1 und der Höhe $^7/_8\, t$. Damit wird

$$M_b = W \cdot \sigma_b = \frac{1}{6}\pi d_1 \left(\frac{7}{8} t\right)^2 \cdot \sigma_b = \frac{Q}{z} \cdot \frac{3}{8} t \quad [\text{cm/kg}].$$

Setzt man $Q = \frac{\pi d_1^2}{4} \cdot \sigma_z$ und $\sigma_b = \sigma_z$, so ergibt sich die Mutterhöhe

$$h = z \cdot t = 0{,}73 \cdot d_1 \quad [\text{cm}].$$

Die genormte Höhe $h = 0{,}8\, d_1$ reicht also aus. Hat der Werkstoff der Mutter oder bei Stiftschrauben der des Werkstückes eine andere Festigkeit, so ist die Mutterhöhe bzw. die Einschraubtiefe im Verhältnis der Festigkeiten zu ändern.

Für die Scherspannung kommt der gleiche Querschnitt in Frage. Es gilt für einen Gewindegang

$$\frac{Q}{z} = F \cdot \tau = \pi d_1 \cdot \frac{7}{8} t \cdot \tau \quad [\mathrm{kg}]$$

$$\tau = \frac{Q}{z \cdot \pi d_1 \cdot {}^7/_8\, t} \quad [\mathrm{kg/cm^2}] .$$

Setzt man $Q = \frac{\pi d_1^2}{4} \cdot \sigma_z$ ein, so erhält man die Biegungsspannung und die Scherspannung auf die Zugspannung im Bolzen bezogen

$$\sigma_b = \frac{d_1}{1{,}36 \cdot z \cdot t} \cdot \sigma_z$$

$$\tau = \frac{d_1}{3{,}5 \cdot z \cdot t} \cdot \sigma_z .$$

Daraus erhält man als Verhältnis der Scherspannung zur Biegungsspannung

$$\frac{\tau}{\sigma_b} = \frac{1{,}36}{3{,}5} \approx \frac{1}{2{,}6} .$$

Bei schiefer Auflage von Mutter und Kopf können noch zusätzliche Biegespannungen im Schaft auftreten, die ggf. zu berücksichtigen sind.

Ist eine genaue Berechnung der Schraube erforderlich, so muß das Formänderungsdreieck aufgezeichnet werden. In besonderen Fällen wird die Dehnung der Schraube überwacht.

Da im allgemeinen nur die Betriebskraft Q gegeben ist, muß die Vorausberechnung unter Berücksichtigung einer entsprechenden Sicherheit S von dieser ausgehen. Es wird

$$Q = 1{,}3 \cdot F_1 \cdot S \cdot \sigma_{\mathrm{zul}} .$$

Erfährt die Schraube eine Dauerwechselbelastung, so ist dies bei der Berechnung besonders zu beachten. Für die überschlägige Berechnung des Kernquerschnitts F_1 gilt dann mit der geschätzten Wechsellast $\pm \frac{Qz}{2}$ unter Zugrundelegung der Zugwechselfestigkeit $\pm \sigma_{wz}$

$$F_1 = \frac{Qz}{2 \cdot \sigma_{wz}} \cdot S_w$$

mit der Sicherheit gegen Dauerbruch S_w im Schaft.

Sollen durch die Schraubenverbindung Kräfte aufgenommen werden, die quer zur Schraube wirken, wie z. B. bei Stahlkonstruktionen, Kupplungen u. dgl., so muß zunächst die Reibung zwischen den aufeinandergepreßten Flächen das Gleiten verhindern. Ist P die zu übertragende Querkraft, so ist die Schraubenkraft

Fig. 70 Schraube mit Scherring

$$Q = \frac{P}{\mu},$$

wobei $\mu = 0{,}1 - 0{,}2$.

Reicht sie nicht aus, so muß die Schraube entlastet werden. Entweder wird die Schraube selbst ins Loch eingepaßt, so daß sie die Scherkräfte aufnehmen kann, oder es werden besondere Paßstifte oder Scherringe eingelegt (Fig. 70).

e) Sicherung der Schrauben

Die Sicherung der Muttern gegen selbsttätiges Lösen kann auf mannigfaltige Weise geschehen. Ein vielfach übliches Mittel ist das Aufsetzen einer Gegenmutter. Beim Anziehen derselben sollen die Muttern gegeneinander verspannt werden. Es ist zu beachten, daß die Gegenmutter die ganze Last aufzunehmen hat. Ähnlich, d. h. als Spannungssicherung, wirken die federnde Unterlegscheibe, eine unter die Mutter gelegte Spiralfeder, eine unter der Unterlegscheibe liegende Gummischeibe und der Federring nach DIN 127 und 128. In manchen Fällen wird die Mutter geschlitzt und durch eine tangential angeordnete Schraube zusammengepreßt, wobei eine genaue Einstellbarkeit des Gewindes möglich ist. Ähnlich wirkt eine aufgeschlitzte Hilfsmutter, die mit konischer Außenfläche in die Mutter eingeschraubt wird.

Weitere Sicherungen sind Splinte in oder über der Mutter bzw. in Verbindung mit einer Kronenmutter, Kegelstift direkt über der Mutter, sowie die Sicherung durch Legeschlüssel oder Sicherungsblech (DIN 93). Im Schiffsmaschinenbau ist vielfach die Pennsche Sicherung üblich, bei der eine kleine Schraube radial von außen gegen eine Eindrehung in der Mutter gedrückt wird.

C. Die Elemente der Wellenleitungen

I. Bolzen, Achsen, Wellen

a) Bolzen

Der Bolzen B (auch feste Achse genannt) ist undrehbar im Rahmen A befestigt (Fig. 71). Er dient dazu, die Kraft von einem auf ihm drehbaren Maschinenteil (z.B. Zahnrad oder Laufrad) auf den Rahmen zu übertragen. Sollen Kräfte von einem auf ihm drehbaren Teil auf einen anderen, ebenfalls auf ihm drehbaren Teil übertragen werden, so müssen diese starr miteinander verbunden sein.

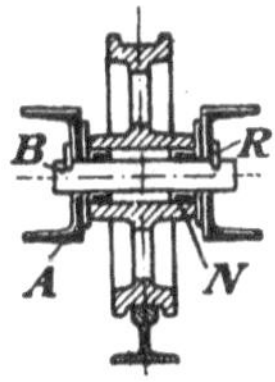

Fig. 71
Laufrad auf Bolzen gelagert

Auf den Bolzen wirken Querkräfte Q und Biegungsmomente M_b. Die Querkräfte erzeugen Schubspannungen τ.

$$\tau = \frac{Q}{f} \, [\mathrm{kg/cm^2}]$$

f = Bolzenquerschnitt in cm².

Die Schubspannungen sind meist sehr klein gegenüber den Biegungsspannungen.

Diese sind

$$\sigma_b = \frac{M_b}{W} \, [\mathrm{kg/cm^2}] .$$

W ist das äquatoriale Widerstandsmoment des Bolzenquerschnitts in cm³. Dies ist für vollen Kreisquerschnitt $W = \frac{1}{10} d^3 [\mathrm{cm^3}]$. Im gefährlichen Querschnitt gilt also

$$\sigma_{\max} = \frac{M_{\max}}{\frac{1}{10} d^3} \, [\mathrm{kg/cm^2}] .$$

Der Bolzen biegt sich durch. Die Durchbiegung muß kleiner sein als die Ölluft in der Nabenbüchse N. Der Werkstoff muß hohe Biegefestigkeit und eine dichte Oberfläche haben (Siemens-Martinstahl, Elektrostahl, Tiegelstahl). Gegen Verschieben und Verdrehen wird er am besten durch Riegel *R* gesichert, die am Rahmen angeschraubt und in den Bolzen eingelassen sind. Bei dünnen Bolzen genügen Splinte an beiden Enden.

b) Achsen

Die Achsen (laufende Achsen) (Fig. 72) liegen drehbar in Lagern und tragen fest aufgekeilt einen oder zwei Maschinenteile (z. B. Laufräder wie bei Eisenbahnachsen oder Seilrollen). Sie dienen dazu, die Kraft vom drehbaren Maschinenteil auf den festen Rahmen zu übertragen.

In der Achse treten Querkräfte und Biegungsmomente bei wechselnder Belastung, aber keine Drehmomente auf.

Fig. 72. Laufende Achse

Eine Ausnahme bilden die Triebachsen im Lokomotivbau, die ein Drehmoment übertragen, also eigentlich Wellen sind.

Die auf der Achse sitzenden Maschinenteile sind aufgekeilt oder, wenn Stöße und Erschütterungen zu erwarten sind, wie z. B. bei Eisenbahnachsen, aufgepreßt.

Die Schubspannungen und Biegungsspannungen werden wie bei Bolzen berechnet. Gegebenenfalls sind Querschnittsveränderungen zu berücksichtigen. Bei hohlen Achsen von gleichbleibendem Durchmesser ist

$$M_b = \frac{\pi}{32} \frac{da^4 - di^4}{da} \cdot \sigma_b .$$

Bei der Wahl des Werkstoffs ist weniger die Festigkeit als die Elastizität maßgebend.

Im allgemeinen wird St 50.11 oder 60.11 gewählt. Bei der Berechnung der Achsen von Schienenfahrzeugen ist zu bedenken, daß durch seitlichen Anlauf an der Schiene ein zusätzliches Biegungsmoment auftritt. Die gefährliche Stelle liegt am Nabenanfang des aufgepreßten Rades.

c) Wellen

1. Werkstoff

Die Wellen erfahren eine Grundbelastung durch Biegung und Verdrehung, der häufig, insbesondere bei Kurbelwellen, noch Biege- und Drehschwingungen überlagert sind. Es sind also in erster Linie die Biege- und Drehwechselfestigkeit des Werkstoffs maßgebend und zur besseren Aufnahme der Schwingungen seine Dämpfungsfähigkeit. Außerdem sind die Wellen häufig abgesetzt, durch Kurbelwangen unterbrochen und haben Ecken und Kraftumlenkstellen, wodurch die Gestaltfestigkeit und Kerbempfindlichkeit Bedeutung erhalten. Gerade die hochwertigen Werkstoffe sind besonders kerbempfindlich. Auch die Herstellung und Bearbeitung sind zu beachten. Transmissionswellen werden z. B. zum Teil gezogen oder grob gedreht (geschält) und prägepoliert. Kurbelwellen werden freiformgeschmiedet, im Gesenk geschmiedet, zusammengebaut oder gegossen. Schließlich sollen in den Lagern gute Gleiteigenschaften bestehen.

Der normale Wellenwerkstoff ist St 50.11 oder St 60.11, für Transmissionswellen auch St 00.12. Bei besonders hohen Beanspruchungen sowie zur Verminderung des Gewichts (Flugzeuge, Kraftwagen usw.) werden auch legierte Stähle höherer Festigkeit genommen. Für komplizierte Wellen wird oft Stahlguß oder Gußeisen verwendet. Die leichte Herstellbarkeit, die Kerbunempfindlichkeit und die große Dämpfungsfähigkeit des Gußeisens haben in der letzten Zeit dessen Verwendung für Kraftwagenkurbelwellen stark gefördert. Vorteilhaft sind für die Lagerstellen noch die guten Gleiteigenschaften des Gußeisens.

2. Die Formgebung und die Beanspruchung

Wellen sind drehbar gelagert und tragen aufgekeilt oder aufgeschrumpft Maschinenteile, wie Zahnräder, Riemenscheiben u. dgl. (Fig. 73). Sie werden dabei in erster Linie auf Verdrehung beansprucht. Gleichzeitig übertragen sie Kräfte durch die Lager auf die Unterlage oder den Maschinenrahmen oder auf beweglich angeschlossene Glieder, wie Schubstangen und Kuppelstangen.

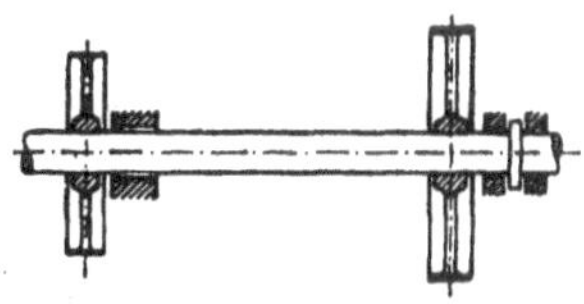

Fig. 73. Triebwerkswelle

In der Welle treten auf: Querkräfte, Biegungsmomente und Drehmomente. Daraus ergeben sich Schubspannungen und Biegespannungen, die ihren Größtwert in der äußeren Faser erreichen.

Der Berechnung wird in erster Linie das Drehmoment zugrunde gelegt. Mit der zu übertragenden Leistung N [PS oder KW] und der Drehzahl n [Umdr./Min.] wird

$$M_d = 716 \frac{N}{n} \text{ [m/kg] (für } N \text{ in PS)}$$

$$M_d = 973 \frac{N}{n} \text{ [m/kg] (für } N \text{ in KW)}.$$

Ist W_p das polare Widerstandsmoment, so ist

$$\tau = \frac{M_d}{W_p} \text{ [kg/cm}^2\text{]}.$$

Für den vollen Kreisquerschnitt ist

$$W_p = \frac{\pi}{32} d^3 \text{ [cm}^3\text{]}.$$

Für die Hohlwelle ist

$$W_p = \frac{\pi(da^4 - di^4)}{32 da} \text{ [cm}^3\text{]}.$$

Ein Vergleich dieser Werte zeigt eine Überlegenheit der Hohlwelle. Bei der Vollwelle sind die inneren Fasern an der Kraftaufnahme und der Dämpfung nur gering beteiligt, während beim Hohlprofil eine günstigere Spannungsverteilung auftritt (Fig. 74). Wird eine Welle auf $d_i = 0{,}5\, d_a$ ausgebohrt, so wird damit das Widerstandsmoment nur um 6%, das Gewicht dagegen um 25% verringert. Tafel 8 zeigt einen Vergleich von zwei Wellen mit dem gleichen Widerstandsmoment. Das Gewicht der Hohlwelle ist um 56% geringer und das für die Verdrehsteifigkeit maßgebende pol. Trägheitsmoment um 44% größer als das der Vollwelle. Diese Umstände machen das Hohlprofil besonders geeignet für den Leichtbau (Flugzeugmotoren). Außerdem wird die Dämpfungsfähigkeit des Werkstoffs besser ausgenutzt.

Tafel 6

	d_a cm	d_i cm	F cm²	W_p cm³	J_p cm⁴
Vollwelle	4,2	–	13,85	14,0	30,5
Hohlwelle	6,0	5,4	5,37	14,6	43,8

Außer dem Drehmoment wirken in der Regel noch Biegekräfte auf die Welle, z. B. Riemenzug, Zahndruck, Kolbenkräfte und dergleichen.

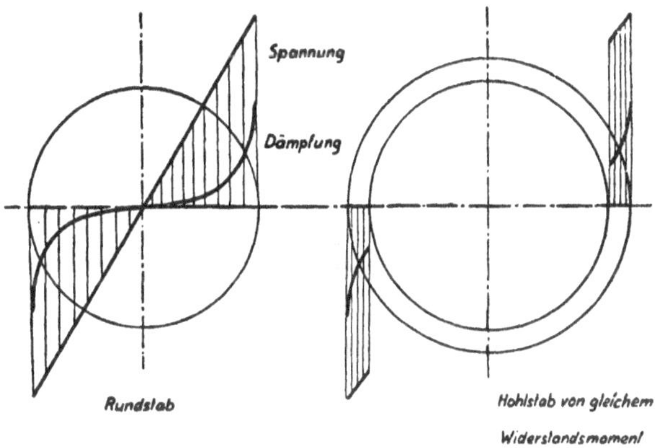

Fig. 74. Spannungs- und Dämpfungsverteilung in verdrehbeanspruchten Stäben

Die aus Biegung und Drehung zusammengesetzte Beanspruchung kann nach mehreren Formeln berechnet werden, je nachdem, welche Hypothese der Berechnung zugrunde gelegt wird.

Transmissionswellen werden allgemein nach der Bachschen Formel berechnet, die auf der Dehnungshypothese aufgebaut ist. Danach wird die ideelle Spannung

$$\sigma_i = 0{,}35\, \sigma_b + 0{,}65 \sqrt{\sigma_b^2 + 4(\alpha_0 \tau)^2} \quad [\mathrm{kg/cm^2}],$$

worin

$$\alpha_0 = \frac{\sigma_{zul}}{1{,}3\, \tau_{zul}}.$$

Mit $\tau_{zul} = 0{,}8\,\sigma_{zul}$ wird $\alpha_0 = 1$.

Mit $\sigma_b = \frac{M_b}{W}$ und $\tau = \frac{M_d}{W_p} = \frac{M_d}{2W}$ wird

$$\sigma_i = 0{,}35\,\frac{M_b}{W} + 0{,}65\,\sqrt{\frac{M_b^2}{W^2} + \frac{M_d^2}{W^2}} = \frac{M_i}{W}$$

$$M_i = 0{,}35\,M_b + 0{,}65\,\sqrt{M_b^2 + M_d^2}\,.$$

Bei der Berechnung von Transmissionswellen ist zu berücksichtigen, ob das zu übertragende Drehmoment gleichförmig, periodisch oder willkürlich wechselnd ist. Je nachdem ist die Beanspruchung höher oder niedriger zuzulassen. Weiterhin ist zu unterscheiden, ob es sich um Wellenleitungen über 20 m Länge handelt, die nur noch selten vorkommen oder um Wellen für Gruppenantriebe bis 20 m Länge und leichte Vorgelege oder um Wellen für Hauptantriebe (meist kurze Formwellen).

Die Vorausberechnung erfolgt bei langen Wellen entsprechend einer zulässigen Verdrehung von $\frac{1}{4}^0$ je lfd. m nach der Formel

$$d = 120\,\sqrt[4]{\frac{N}{n}}\,.$$

Diese Formel liefert für dünne Wellen so geringe Spannungen, daß sie auch für St 00.12 gilt ($d = 25$ mm, $\tau = 44$ kg/mm^2). Im Normalfall gilt (nach Angaben der Bamag) die Formel

$$d = 100\,\sqrt[3]{\frac{N}{n}}\,,$$

die eine Verdrehspannung $\tau = 360$ kg/cm^2 ergibt, die für St 50.11 zugelassen werden kann.

Für die Biegungsbeanspruchung ist die Vorspannung der Riementriebe maßgebend. Man setzt, wenn P die zu übertragende Umfangskraft ist, die Vorspannung bei Riementrieben = 4 bis 5 P, bei Keilriementrieben = 2 P und bei Seiltrieben = 10 bis 12 P.

Die zusammengesetzte Spannung σ_i soll je nach der Art der Belastung den Wert 450 bis 750 kg/cm² nicht überschreiten.

Transmissionswellen sind in DIN 114, Wellen für Hebezeuge in DIN 537 genormt.

Im allgemeinen wird für diese die Mohrsche Schubspannungshypothese als den wahren Verhältnissen am nächsten kommend angesehen. Danach wird die Spannung in der äußersten Faser

$$\tau_{\max} = \tfrac{1}{2}\sqrt{\sigma_b^2 + 4(\alpha\tau)^2}\ [\text{kg/cm}^2]\,.$$

Setzt man in diese Formel die ermittelten Momente ein, so wird mit $\alpha = 1$

$$\tau_{\max} = \frac{1}{2W}\cdot\sqrt{M_b^2 + M_d^2} = \frac{M_i}{W_p}\ [\text{kg/cm}^2]$$

bzw.

$$W_p = \frac{M_i}{\tau_{\max\,\text{zul}}}\ [\text{cm}^3]\,.$$

Die zulässigen Spannungen richten sich nach der Länge und Stärke der Welle, der Art der Beanspruchung (gleichbleibendes oder periodisch veränderliches Drehmoment, bei größerem Biegungsmoment wechselnde Biegespannung) und der zulässigen Formänderung.

ten Bosch gibt für $\tau_{\max\,\text{zul}}$ die Werte der Tafel 7 an:

Tafel 7

Zulässige Spannungen $\tau_{\max}$ in kg/mm² für glatte Wellen (nach ten Bosch)

Drehmoment M_d	Werkstoff	Torsionsspannung überwiegt		Biegespannung überwiegt	
		Belastungswechselzahl/Lebensdauer			
		sehr klein	sehr groß	sehr klein	sehr groß
konstant	St 50	12 kg/mm²		12	6
	St 60	14 kg/mm²		12	7
periodisch veränderlich	St 50	12	6	12	6
	St 60	14	7	14	7

3. Die Durchbiegung

Diese wird aus den Biegungsmomenten graphisch nach dem Mohrschen Verfahren ermittelt. Zu große Durchbiegung stört bei Zahnrädern und besonders bei Schnecken den Eingriff. Bei schnellaufenden Schneckenwellen darf sie nicht mehr als $^1/_{100}$ der Teilung betragen. Meist ist die Schiefstellung der Welle in den Lagern maßgebend, die nicht mehr als $^1/_{1000}$ sein soll. Andernfalls tritt Klemmen der Welle im Lager und damit Heißlaufen ein. Erfahrungsgemäß macht man bei Triebwerkswellen die Durchfederung $f = {}^1/_3$ mm auf 1 m Länge. Die Lagerentfernung macht man $l = 100 \cdot d$ oder mit Rücksicht auf spätere zusätzliche Belastung $l = 110 \sqrt{d}$ bzw. $l = 50 \sqrt[3]{d^2}$.

Bei Wellen mit drei Lagern erfordert die graphische Untersuchung die Anwendung des Maxwellschen Satzes von der Gegenseitigkeit der Formänderungen. Wellen mit mehr als drei Lagern sind nach der Formel von Clapeyron zu berechnen.

4. Die Verdrehung

Das Maß für dieselbe ist der Verdrehungswinkel φ. Ist G der Gleitmodul des Werkstoffs, l die Länge des verdrehten Wellenstücks und r sein Halbmesser, dann ist

$$\varphi^0 = \frac{\tau_d \cdot l}{G \cdot r} \cdot \frac{180}{\pi} = \frac{M_d \cdot l}{G \cdot J_p} \cdot \frac{180}{\pi}.$$

Die Verdrehung für 1 m Wellenlänge ist dann

$$\varphi_{(1\mathrm{m})} = \frac{M_d \cdot 100}{G \cdot J_p} \cdot \frac{180}{\pi} [{}^0/\mathrm{m}],$$

wenn alle Maße in kg und cm eingesetzt werden. Bei kurzen Wellen ist die Verdrehung unschädlich, bei langen muß sie beachtet werden. Bei Wechseldruck kann sie stören, besonders wenn bei Wellen mit großen Massen Resonanzerscheinungen auftreten. Im allgemeinen wird $\varphi = 0{,}25^0$/lfd. m Wellenlänge zugelassen.

Für diesen Fall gilt

$$d = 12 \sqrt[4]{\frac{N_{PS}}{n}} = 0{,}734 \sqrt[4]{M_d}\ [\mathrm{cm}]\,.$$

Diese Festlegung ist jedoch willkürlich. Sie kann auch zu groß oder zu klein sein.

Für die langen Fahrwerkswellen im Kranbau wird die zul. Verdrehung von der Fahrgeschwindigkeit abhängig gemacht. Es gilt

für Fahrgesch. $v < 0{,}5$ m/s $0{,}35^0$/lfd. m $d = 0{,}674 \sqrt[4]{M_d}$

für Fahrgesch. $v \geqq 0{,}5$ m/s $0{,}25^0$/lfd. m $d = 0{,}734 \sqrt[4]{M_d}$.

5. Abgesetzte Wellen

Fig. 75. Spannungserhöhung in Hohlkehlen

Manche Wellen (z. B. Kurbelwellen) haben in den Lagern einen kleineren Durchmesser als zwischen denselben. Dicke Wellen, auf denen schwere Räder oder dgl. aufgekeilt sind, haben an der Stelle einen um die Nuttiefe größeren Durchmesser. In dem Absatz treten Spannungserhöhungen auf (Fig. 75), die in der Berechnung berücksichtigt werden müssen. Dazu sind Formziffern eingeführt worden, und zwar sowohl für Biegung als auch für Verdrehung. Sie sind abhängig vom Durchmesserunterschied d/D und dem Radius der Ausrundung. Am günstigsten ist ein konischer Übergang (s. ten Bosch S. 178). Ähnlich wie die Dauerfestigkeit von Schrauben durch Drücken mit der Druckrolle im Gewindegrund erhöht wird, kann auch die Kerbzähigkeit der Wellen durch Drücken des Übergangs erheblich erhöht werden.

6. Gekröpfte Wellen

Zur Übertragung hin- und hergehender Kräfte, z. B. in Kolbenmaschinen auf die umlaufende Welle, wird diese mit Kröpfungen versehen, deren Zahl der Zylinderzahl entspricht. Sind mehrere Kröpfungen vorhanden, so können sie um 90°, 120° oder 180° gegeneinander versetzt sein (Fig. 76 bis 78). Bei einer Kurbelversetzung von 90° und 120° kann in jeder Stellung ein Drehmoment auf die Welle wirken, während es in den anderen Fällen vorkommen kann, daß sämtliche Kröpfungen gleichzeitig im Totpunkt stehen, aus dem die Welle, um in Gang gesetzt zu werden, erst herausgedreht werden muß. Die Anordnung der Kröpfungen und die Folge und Größe der auf sie wirkenden Kräfte sind für den gleichförmigen Lauf der Welle von besonderer Bedeutung.

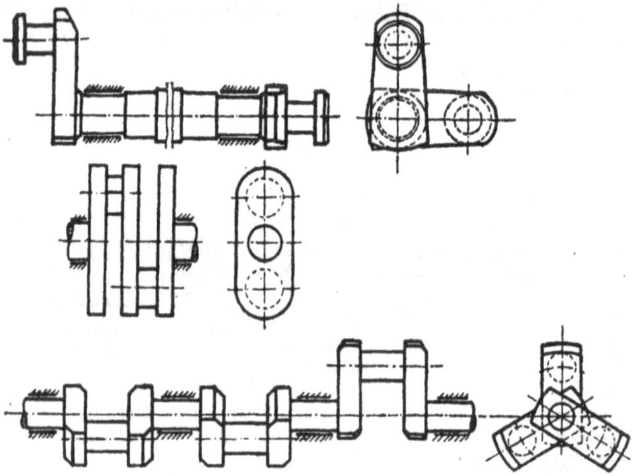

Fig. 76 – 78. Gekröpfte Wellen

Die Feststellung der Beanspruchung in der Kröpfung erfordert eine besondere Berechnung. Für die Ermittlung der Gesamtdurchbiegung der Welle denkt man sich diese ohne Kröpfung durchlaufend und reduziert die einzelnen Querschnitte entsprechend ihrem Trägheitsmoment. Dabei wird für die Kurbelwangen das kleinere eingesetzt. Die Kurbelwangen selbst werden auf Biegung und Verdrehen beansprucht.

7. Herstellung

Bolzen haben fast stets gleichen Querschnitt. Sie können deshalb einfach vom Rundeisen abgeschnitten werden.

Kleinere Achsen werden möglichst so konstruiert, daß sie aus einem Rundeisen herausgedreht werden können. Andernfalls müssen sie geschmiedet werden.

Transmissionswellen werden aus Wellenstücken zusammengesetzt, die wegen des Transports im Eisenbahnwagen höchstens 7 m lang sind. Sie müssen durchweg gleichen Durchmesser haben, damit man Freiheit in der Anordnung der Lager und Riemenscheiben hat.

Andere Wellen werden wieder möglichst so ausgeführt, daß sie aus einem Rundstahl herausgeschnitten werden können. Angeschweißte Bunde verteuern die Wellen. Bei großen Biegungsmomenten ist es wirtschaftlich, die Wellen mit abgestuften Querschnitten herzustellen. Scharfe Absätze sind dabei wegen der Kerbwirkung unbedingt zu vermeiden. Auf schlanke Übergänge ist stets Wert zu legen. Kleine gekröpfte Wellen werden ausgeschmiedet und im Gesenk fertig geschlagen. Größere werden entweder ganz ausgeschmiedet oder die Kröpfung bleibt als Block stehen und wird autogen herausgeschnitten. Große Wellen werden meist aus Wellenstücken, Zapfen und Wangen zusammengebaut. Desgleichen werden Kurbelwellen, die mit Wälzlagern ausgerüstet sind, sowie gekröpfte Lokomotivachsen in Sonderbauart mehrteilig zusammengebaut. Gußeiserne Kurbelwellen für Flugmotoren, Kraftwagen- und Dieselmotoren haben sich bei zweckmäßiger Gestaltung und Werkstoffwahl gut bewährt.

9. Kritische Drehzahlen*)

Kritische Drehzahlen können auf dreierlei Weise entstehen, und zwar als Folge exzentrisch umlaufender Massen, durch Biegeschwingungen und durch Drehschwingungen. Sie verursachen unruhigen Gang und können zu Wellenbrüchen führen.

1. Sitzt z. B. in der Mitte einer Welle eine Masse $m = G/g$ mit der Schwerpunktsexzentrizität e (Fig. 79a), so wird die Welle durch die Fliehkraft dieser Masse durchgebogen. Ist ω die Winkelgeschwindigkeit und f die Durchbiegung, so ist die Fliehkraft

$$F = m \cdot \omega^2 \cdot (e + f)\,.$$

Dieser entspricht eine Rückstellkraft (Federkraft) $R = c \cdot f$,

*) H. Schrön, Die Dynamik der Verbrennungskraftmaschinen. Springer, Wien 1942.

wenn c die Kraft ist, die erforderlich ist, um die Welle um 1 cm durchzubiegen. Damit wird

$$m \cdot \omega^2 \cdot (e + f) = c \cdot f,$$

$$f = \frac{m \cdot \omega^2 e}{c - m\omega^2} = \frac{e \cdot \omega^2}{\frac{c}{m} - \omega^2}.$$

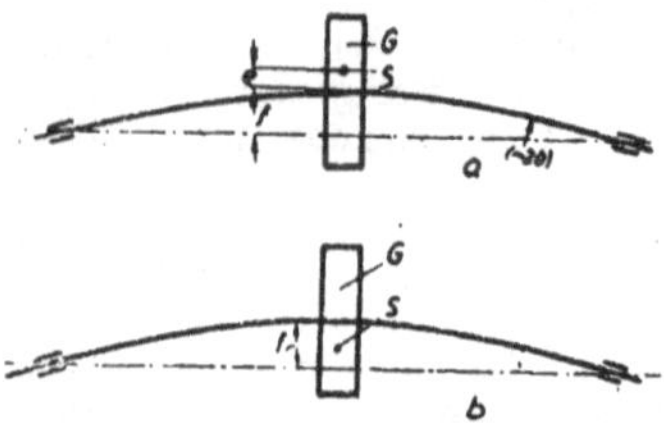

Fig. 79

Dieser Wert wird unendlich groß, wenn

$$\omega^2 = \omega_{kr}{}^2 = \frac{c}{m}$$

wird. Die kritische Drehschnelle ist also

$$\omega_{kr} = \sqrt{\frac{c}{m}}$$

und die kritische Drehzahl

$$n_{kr} = \frac{30}{\pi}\sqrt{\frac{c}{m}} \approx 300\sqrt{\frac{c}{G}} \approx 300\sqrt{\frac{1}{f}},$$

worin f die statische Durchbiegung im Ruhezustand unter der Einwirkung des Gewichts G ist. Das Eigengewicht der Welle bleibt wirkungslos.

Beim Durchschreiten der kritischen Drehzahl springt der Schwerpunkt S in die in Fig. 79b gezeigte Lage um, und die Maschine läuft ruhiger als vorher.

Ist die Masse fliegend oder außerhalb der Mitte der Lagerstützweite angeordnet oder befinden sich mehrere Massen auf der Welle, so wird die Berechnung schwieriger.

2. Wird eine Welle senkrecht zu ihrer Achsenrichtung angestoßen, so vollführt sie Biegeschwingungen, deren ohne weitere Beeinflussung auftretende Zahl die Eigenschwingungszahl ist. Sobald nun diese mit der Taktzahl der erregenden Kräfte, z. B. der Gas- und Massenkräfte bei Verbrennungskraftmaschinen, übereinstimmt, tritt Resonanz ein. Die Drehzahl, bei der dies der Fall ist, ist die kritische Drehzahl.

Zur Erläuterung der Berechnungsmethode, die nur für die Hauptebene durchgeführt wird, sei der Fall herausgegriffen, in dem ein Gewicht G mit der Masse m auf einer zweifach gelagerten Welle von der Länge l und mit dem Trägheitsmoment J, die masselos gedacht ist, im Abstand a und b von den Lagern zentrisch angebracht ist.

Ist wieder c die Biegefederzahl und f die Durchbiegung, so gilt

$$G = c \cdot f = \frac{3EJl}{a^2 \cdot b^2} \cdot f,$$

also ist

$$c = \frac{3EJl}{a^2 \cdot b^2}.$$

Nach der Schwingungslehre ist die Winkelschnelle der Eigenschwingung (Kreisfrequenz)

$$\omega_e = \sqrt{\frac{c}{m}}$$

und mit dem Wert c aus der vorigen Gleichung

$$\omega_e = \frac{1}{a \cdot b} \sqrt{\frac{3EJl}{m}}.$$

Sitzt das Gewicht in der Mitte, so wird mit $a = b = l/2$

$$\omega_e = \sqrt{\frac{48E \cdot J}{m \cdot l^3}}.$$

Die Eigenschwingungszahl ist

$$n_e = \frac{30}{\pi}\sqrt{\frac{c}{m}} \approx 300 \sqrt{\frac{1}{f}}.$$

Sie deckt sich mit der unter 1. berechneten kritischen Drehzahl. Befinden sich auf der Welle mehrere Gewichte G_1, G_2, $G_3 \ldots G_n$, so ist in der Formel f^* einzusetzen, das aus den Einzeldurchbiegungen f_1, f_2, $f_3 \ldots f_n$ an den den Gewichten zugehörigen Stellen bei gleichzeitiger Wirkung aller Gewichte zu berechnen ist.

$$f^* = \frac{G_1 \cdot f_1^2 + G_2 f_2^2 + \cdots G_n f_n^2}{G_1 f_1 + G_2 f_2 + \cdots G_n f_n}.$$

Hat die Welle, wie z. B. bei Kurbelwellen, eine verwickelte Form, so ist eine Reduktion der Massen der Einzelteile (Zapfen, Kurbelarme, Gegengewichte) erforderlich derart, daß eine glatte Welle mit den gleichen Schwingungseigenschaften entsteht. Diese Umrechnung ist nur näherungsweise möglich.

Bei mehrfach gelagerten Wellen liegen die Eigenschwingungszahlen meist so hoch, daß eine Resonanz mit den Betriebsdrehzahlen der Maschinen nicht eintritt. Die Ermittlung der Durchbiegung ist umständlich. Die Eigenwerte werden deshalb vereinfachend auf eine zweifach gelagerte Welle zurückgeführt, mit deren Eigenwerten höherer Ordnung sie sich decken.

Zu den Biegeschwingungen treten noch Schwingungen aus der Längsfederung hinzu durch die axialen Verkürzungen und Verlängerungen, die die Kröpfungen zulassen.

Die so errechneten Eigenschwingungen sind mit den erregenden Kräften, wie Fliehkräften und den periodisch wirkenden Kräften wie Gaskräften und Massenkräften der hin- und hergehenden Teile und der schwingenden Schubstange, in Beziehung zu setzen, woraus dann die kritische Drehzahl des ganzen Systems berechnet wird.

Ist Ω die Erregerdrehschnelle und k die Ziffer der Harmonischen und somit $k \cdot \omega$ die Drehschnelle der k-Harmonischen, so ist

$$\Omega = k \cdot \omega .$$

Für Viertakt ist

$$\Omega_k = k \cdot \frac{\omega}{2}$$

und für Zweitakt

$$\Omega_k = k \cdot \omega .$$

Im kritischen Zustand ist

$$k \cdot \omega_{kr} = \Omega_k = \omega_e ,$$

also

$$\omega_{kr} = \frac{\omega_e}{k}$$

bzw. für Viertakt

$$\omega_{kr} = \frac{\omega_e}{k/2}$$

und die kritische Drehzahl

$$n_{kr} = \frac{n_e}{k} \text{ bzw. } n_{kr} = \frac{n_e}{k/2}.$$

3. Dazu kommen die Drehschwingungen, bei deren Betrachtung das Hauptaugenmerk auf die gefährliche Resonanz gerichtet ist.

Zur Berechnung muß das verwickelte Triebwerksystem auf ein einfaches Ersatzsystem zurückgeführt werden, das die gleichen Schwingungseigenschaften hat, eine Aufgabe, die nur angenähert gelöst werden kann. Eine einfache Berechnungsweise ist folgende:

Die Massen der Kurbeltriebe werden ersetzt durch Massen von Körpern mit unveränderlichem Trägheitsmoment, die auf der Welle sitzend gedacht sind. Ist z. B. J_{rot} (cm kg s^2) das Trägheitsmoment einer Kröpfung und eines Anteils der Schubstange, so ist die auf den Kurbelhalbmesser r bezogene Ersatzmasse

$$m_{\mathrm{rot}} = \frac{J_{\mathrm{rot}}}{r_r^2} \left[\frac{\mathrm{kg}\, s^2}{\mathrm{cm}}\right].$$

Für die auf den gleichen Halbmesser bezogene Ersatzmasse m_{hr} der Massen m_h der hin- und hergehenden Teile (Kolben mit Kolbenstange, Kreuzkopf und Anteil der Schubstange) ist ein roher Mittelwert

$$m_{hr} = \tfrac{1}{2} \cdot m_h.$$

Die gesamte auf den Kurbelhalbmesser bezogene Masse einer solchen Kröpfung ist dann

$$m_r = m_{\mathrm{rot}} + \tfrac{1}{2} \cdot m_h.$$

Von Schwungrädern, Luftschrauben, Riemen- und Seilscheiben, Zahnrädern u. dgl. ist meist das Schwungmoment GD^2 gegeben. Ist M_r die auf r bezogene Masse, so ist

$$GD^2 = 4g \cdot J_s = 4g M_r \cdot r^2,$$

$$M_r = \frac{GD^2}{4gr^2} \left[\frac{\mathrm{kg}\, s^2}{\mathrm{m}}\right].$$

Auf Nebenwellen sitzende Getriebeteile sind im Verhältnis des Quadrats der Übersetzung auf die Hauptwelle zu beziehen.

Die Kurbelwelle soll nun durch eine in drehelastischer Beziehung gleichwertige glatte Welle ersetzt werden. Die Kröpfungen werden also durch glatte Wellenstücke ersetzt, die bei gleichem Drehmoment die gleiche Verdrehung ergeben. Da diese von der Länge l abhängt, muß eine entsprechende Längenreduktion vorgenommen werden. In gleicher Weise müssen dickere Wellenstücke und Hohlwellen auf die Vollwelle von gleichem polarem Trägheitsmoment, das ja für die Verdrehung maßgebend ist, reduziert werden. Die Längenreduktion wird also stückweise vorgenommen.

Ist J_w das Trägheitsmoment des zu reduzierenden Wellenstücks und J_r das der Ersatzwelle und sind l und l_r die entsprechenden Längen, so ist

$$l_r = l \frac{J_r}{J_w}.$$

Mit

$$J_p = \frac{\pi}{32} d^4$$

wird

$$l_r = l \frac{d_r^4}{d_w^4}$$

und bei Hohlwellen

$$l_r = l \frac{d_r^4}{d_a^4 - d_i^4}.$$

Die Kurbelkröpfung muß für die Reduktion aufgeteilt werden. Nach Geiger wird

$$l_r = l_1 + l_2 + l_3.$$

Mit den Bezeichnungen in Fig. 80 wird

$$l_1 = (lw + 0{,}4h) \frac{J_r}{J_n},$$

$$l_2 = 0{,}773(r - z \cdot d_w) \frac{J_r}{J_a},$$

$$l_3 = (l_z + 0{,}4h) \frac{J_r}{J_z}.$$

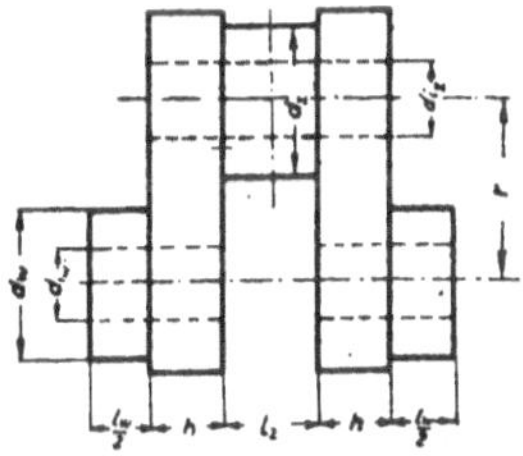

Fig. 80

l_1 gilt für die zugehörigen Wellenstücke, l_2 für die Arme mit deren Trägheitsmoment J_a und l_3 für den Kurbelzapfen.

Sodann wird mit Hilfe der Verdrehung der Welle unter Berücksichtigung der Anzahl der auf der Welle sitzenden Schwungmassen die Eigenschwingungszahl ausgerechnet.

Ist z. B. bei einer Einzelmasse m der Ausschlag a im Bogenmaß gemessen am Radius r, so entspricht diesem eine Trägheitskraft

$$P = m \cdot a \cdot \omega_e^2$$

und eine Rückstellkraft

$$R = c \cdot a$$

mit der Federungskonstante c. Für ungedämpfte Schwingung besteht dann die Gleichgewichtsbedingung

$$m \cdot a \cdot \omega_e^2 = c \cdot a,$$

und daraus wird

$$\omega_e = \sqrt{\frac{c}{m}}$$

mit

$$c = \frac{J_p \cdot G}{l \cdot r^2}.$$

Die Schwingungszahl ist dann

$$n_e = \frac{30}{\pi} \omega_e.$$

Die erregenden Kräfte sind die ungleichförmigen Treibkräfte und Massendrehkräfte. Bei niedrigeren Drehzahlen sind die ersteren und bei hohen Drehzahlen die letzteren vorherrschend. Gerät nun der Takt der erregenden Drehkraft in Resonanz mit der Eigenschwingungszahl des Systems, so werden die Schwingungen gefährlich. Für die Berechnung der kritischen Drehzahlen gilt wieder das gleiche Schema wie bei den Biegeschwingungen.

II. Lager

Die Lager dienen dazu, die Kräfte von einer drehbaren Achse oder Welle auf den feststehenden Maschinenrahmen zu übertragen. Ist die Kraft quer zur Welle gerichtet, so spricht

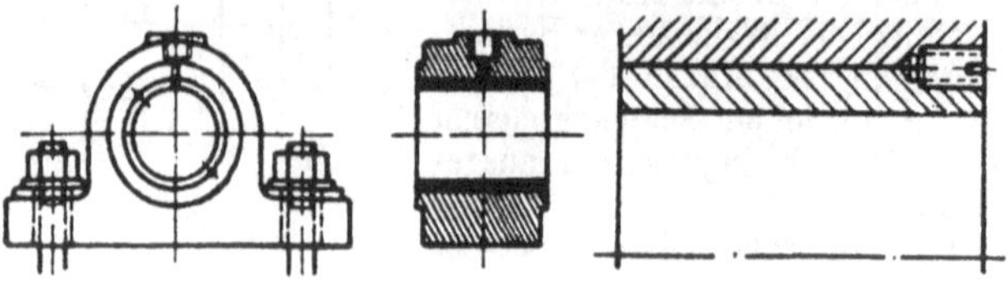

Fig. 81. Einteiliges Lager: Augenlager

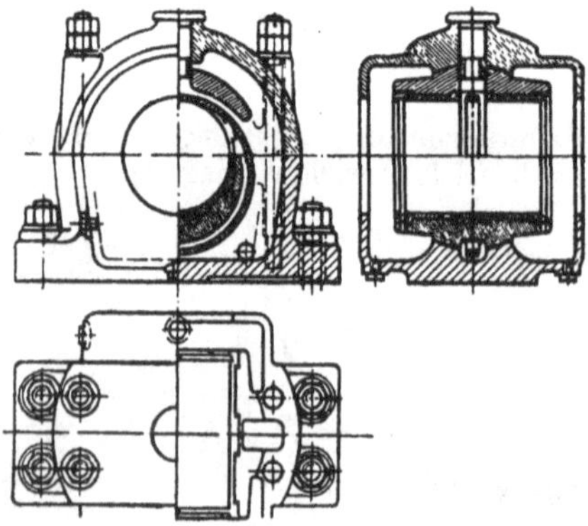

Fig. 82. Zweiteiliges Lager: Schweres Bamag-Stehlager

man von einem Querdrucklager (Querlager oder Traglager); ist sie längs der Welle gerichtet, so spricht man von einem Längsdrucklager (Längslager, Drucklager oder Spurlager).

Gleitführungen dienen dazu, hin- und hergehende Maschinenteile abzustützen; Geradführungen, Kreuzkopfgleitbahnen u. dgl.

Die Traglager werden einteilig, zweiteilig oder mehrteilig ausgeführt (Fig. 81 bis 83).

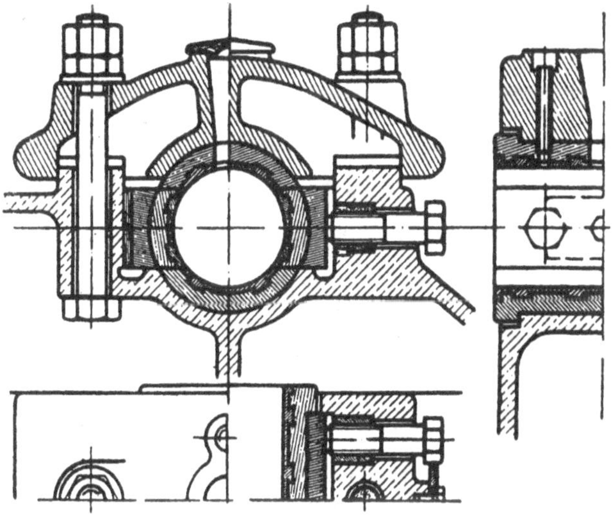

Fig. 83. Kurbelwellenlager mit vierteiliger Schale

Die Spurlager können mit fester Spurfläche oder als sog. Klotzlager (Fig. 93 und 95) ausgeführt werden.

a) Gleitlager

Bei der Lagerschmierung handelt es sich nicht um einen Reibungsvorgang gleicher Art wie bei der trockenen Reibung, sondern um ein hydrodynamisches Problem. In einem gut gebauten Lager schwimmt nämlich der Zapfen auf einer Ölschicht, die einerseits am Zapfen und andererseits an der Lagerschale haftet. Dieser Zustand wird als Vollschmierung bezeichnet. Beim An- und Auslauf der Welle, bei sehr langsam laufenden Zapfen mit hoher Belastung und bei schlecht geschmierten Lagern bzw. bei versagender Schmierung tritt an einigen Stellen unmittelbare Berührung der Gleitflächen ein, so daß teilweise trockene Reibung auftritt. Dieser Zustand heißt Teilschmierung und wird sehr stark durch die

Fähigkeit des Schmiermittels, einen gut zusammenhängenden Schmierfilm zu bilden und das Aufeinanderreiben der praktisch trockenen Metallstellen beeinflußt.

Die Grundlagen der Theorie der Schmiermittelreibung sind die gleichen für den in der Schale umlaufenden Zapfen und für zwei aufeinandergleitende ebene Flächen. Ihre Erkenntnisse gelten deshalb in gleicher Weise sowohl für Querlager als auch für Längslager und ebene Gleitflächen.

1. Querlager

α) Die Lagerreibung

In jedem Querlager hat notwendigerweise die Lagerbohrung einen um ein geringes größeren Durchmesser als der Zapfen. Dadurch entsteht ein Spielraum zwischen beiden, der Lagerspiel oder Ölluft genannt wird. Auf den Zapfen wirken das Eigengewicht der Welle und der darauf sitzenden Maschinenteile und andere Kräfte, wie Kolbenkraft, Riemenzug und Zahndruck. Unter der Wirkung derselben liegt der Zapfen nicht konzentrisch im Lager. Im Stillstand wird das Öl aus der gedrückten Zone teilweise herausgedrängt. Läuft dann der Zapfen an, so besteht an dieser Stellung erhöhte Reibung (Anlaufreibung Fig. 84). Die Welle wird also zunächst in der Drehrichtung aufklettern. Inzwischen dringt das Öl zwischen Zapfen und Schale, und ersterer gleitet ab und kommt im sog. Ausklinkpunkt zum Schwimmen. Nun haftet das Öl einerseits am Zapfen und andererseits an der Schale. Die innerste Schicht wird also mitgenommen, und die äußere steht still. Außerdem liegt der Zapfen exentrisch im Lager. Die Ölluft ist also nicht ringsherum gleich groß, sondern hat eine engste und eine größte Stelle und ist dazwischen keilig geformt. In den Keilspalt wird das Öl hineingezogen. Der Zapfen übt also eine Pumpwirkung aus, die das Hauptmerkmal der Schmierung ist. Vor der engsten Stelle in dem Keilspalt staut sich das Öl unter Druckerhöhung. Hinter der engsten Stelle tritt Saugwirkung auf. Der Zapfen wird also nach dieser Seite hin abgedrängt, bis er im Gleichgewicht ist, d. h. bis die an ihm angreifenden äußeren Kräfte und die Drücke in der Schmierschicht sich die Waage halten. Je schneller der Zapfen läuft, um so größer ist seine Pumpwirkung, um so mehr wird er sich von der Schale abheben und der konzentrischen Lage

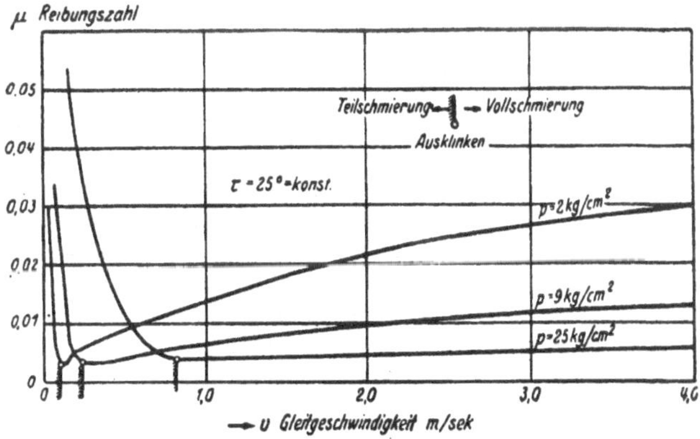

Fig. 84. Verlauf der Reibung im Lager in Abhängigkeit von der Zapfenumfangsgeschwindigkeit

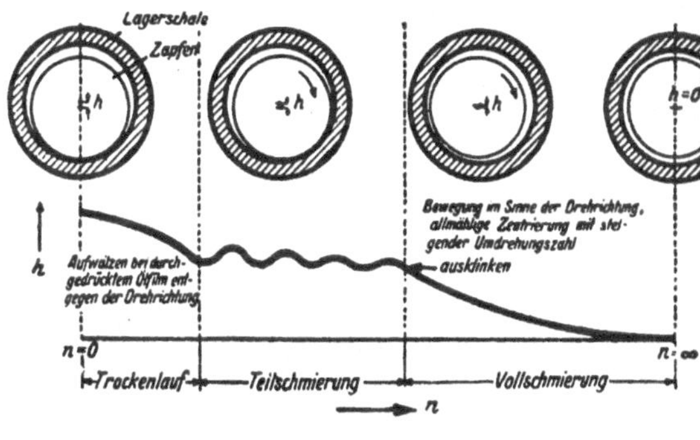

Fig. 85. Die Bewegung des Wellenmittels im Lager beim Anlauf

nähern (Fig. 85), um so größer kann aber auch die auf ihn wirkende äußere Kraft sein. Durch die innere Reibung in der Schmierschicht wird nun wieder Wärme erzeugt, die vom

Druck und in höherem Maße der Geschwindigkeit abhängt. Diesen beiden Größen ist demnach durch die zulässige Erwärmung des Lagers eine Grenze gesetzt. Die zul. Lagertemperatur ist etwa 80 bis 100° C.

Einen weiteren Einfluß auf die Reibung und auf die Belastbarkeit des Lagers übt die Zähigkeit η [kg s/m²] des Schmiermittels aus. Bei zäherem Öl ist die Schmierschicht an der engsten Stelle bei gleichem Druck dicker als bei weniger zähem Öl. Das Lager ist also höher belastbar. Außerdem nimmt die Zähigkeit mit dem Druck in der Schmierschicht zu. Andererseits nimmt aber die Reibungswärme mit der Zähigkeit zu. Man wird also schwer belastete, langsam laufende Lager mit zähflüssigem Öl schmieren und leicht belastete, schnellaufende mit dünnflüssigem Öl. Außerdem nimmt die Zähigkeit mit der Temperatur ab. Heißdampfzylinder werden deshalb mit sehr dickem Öl geschmiert, das bei der Zylindertemperatur noch ausreichende Zähigkeit hat, während Eisenbahnwagenlager im Winter mit dünnerem Öl geschmiert werden als im Sommer.

Von wesentlicher Bedeutung für ein Traglager sind also die Lage des Zapfens im Lager, die Drücke in der Schmierschicht und das Reibungsmoment.

Nähert sich der Zapfen zu sehr der Schale, so greifen die Unebenheiten der Zapfen- und Schalenoberfläche ineinander, und es entsteht halbflüssige Reibung. Das Reibungsmoment steigt.

Je dünner die Schmierschicht sein kann, um so höher kann das Lager belastet werden, um so enger kann aber auch das Lagerspiel sein. Letzteres ist besonders wichtig bei Werkzeugmaschinen (z. B. Drehbankspindeln). Dies richtet sich wiederum nach der Oberflächenbeschaffenheit des Zapfens und der Schale, die möglichst glatt sein sollen. Außerdem darf die Lagerfläche in der gedrückten Zone durch keinerlei Ölnuten zerschnitten sein, da sich sonst der tragende Ölfilm nicht ausbilden kann (Fig. 86 u. 87).

Die Beanspruchung des Lagers ist abhängig vom Lagerdruck $p_m = P/bd$, der Zapfenumfangsgeschwindigkeit bzw. der Winkelgeschwindigkeit $\omega = \pi n/30$, dem Lagerspiel

$D - d$ und der Ölzähigkeit η in kg s/m². Diese Größen sind nach der hydrodynamischen Theorie durch die Sommerfeldsche Zahl S_0 miteinander verbunden, die auch als Lagerkennzahl bezeichnet wird und jeder Lagerberechnung zugrunde liegt. Mit dem spez. Lagerspiel $\psi = (D - d)/d$ wird

$$S_0 = \frac{P_m \cdot \psi^2}{\eta \cdot \omega}.$$

Der Druck in der Schmierschicht ist abhängig von der Lagerbelastung, der Drehzahl, dem Lagerspiel und der Ölzähigkeit.

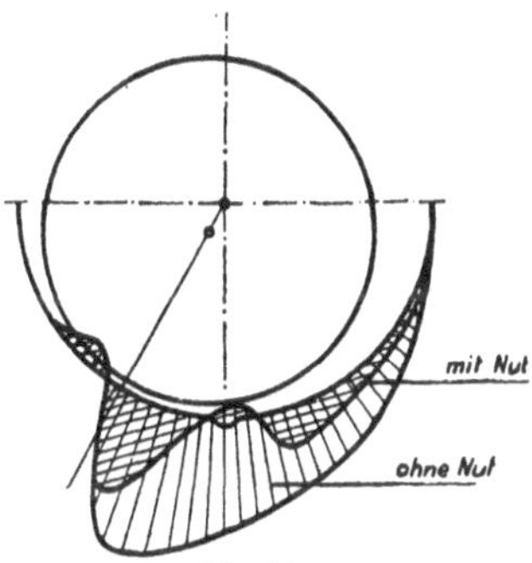

Fig. 86
Der Druck in der Schmierschicht mit und ohne Schmiernut in der gedrückten Zone

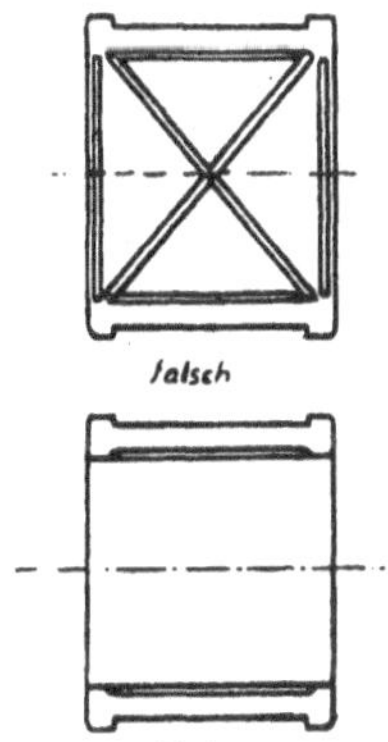

Fig. 87
Anordnung von Schmiernuten

Das Reibungsmoment wird gekennzeichnet durch die Reibungszahl

$$\mu = K\sqrt{\frac{\eta \cdot \omega}{p_m}}.$$

Maße in m, kg, s.

K ist ein Beiwert, der durch die geometrischen Verhältnisse des Lagers und die exzentrische Lage der Welle im Lager gegeben ist und zwischen 2,5 und 4 liegt. Für eine mittlere Exzentrität wird $K = 3{,}8$ gesetzt.

Die Reibungszahlen liegen bei guter Schmierung in den Grenzen von 0,05 und 0,005. Das Reibungsmoment ist

$$M = P \cdot \mu \cdot r \quad [\text{m/kg}].$$

Die zur Überwindung desselben erforderliche Energie geht verloren. Sie wird in Wärme umgesetzt. Die Reibungswärme ist nach Falz für $b = d$

$$\varrho = 45{,}5 \cdot b \sqrt{p_m \cdot v^3 \cdot \eta \cdot d} \quad [\text{WE/std}].$$

Diese Wärme muß abgeführt werden. Sie kann durch den natürlichen Wärmefluß an die Masse der Maschine und an die umgebende Luft oder durch Hindurchspülen gegebenenfalls gekühlten Öls durch das Lager oder in Sonderfällen durch Wasserkühlung in den Lagerschalen abgegeben werden.

Die Berechnung des Wärmehaushalts des Lagers ist inzwischen so weit durchgebildet worden, daß sie zur Lagerberechnung maßgeblich herangezogen werden kann.

β) Die Konstruktion

Die Konstruktion hat demnach folgende Forderungen zu erfüllen:

1. Der Druck in der Schmierschicht muß sich ungehindert ausbilden können.
2. Die überschüssige Reibungswärme muß abgeführt werden können.
3. Die geringste Schmierschichtdicke darf ein bestimmtes Maß nicht unterschreiten.

Die Erfüllung der ersten Forderung verlangt, daß die gedrückte Fläche durch keinerlei Schmiernuten unterbrochen wird. Wo sich solche nicht vermeiden lassen, sind ihre Kanten gut abzurunden. Das Öl wird in der drucklosen Zone zugeführt. Die Lagerschale soll den Bewegungen der Welle nachgeben können. Daher möglichst Auflage der Schale (Fig. 88) auf einem kurzen Stück in der Mitte bzw. auf einer Kugelfläche (Fig. 89 u. 90). Dabei ist u. a. zu bedenken, daß lange dünne Wellen sich mehr durchbiegen als kurze dicke Wellen und daß in breiten Lagern (b groß) leichter Kantenpressung dadurch entsteht als in schmalen Lagern. Normal ist das

Verhältnis $b : d = 0{,}8$ bis 1; es schwankt jedoch je nach Maschinengattung und Lagerart zwischen 0,65 und 2,0. Über $b = 1{,}5\,d$ sollte man nicht hinausgehen. Die Welle ist so stark zu machen, daß sie keine unzulässige Formänderung erfährt und die Flächenpressung p_m nicht zu hoch wird. Der für p_m

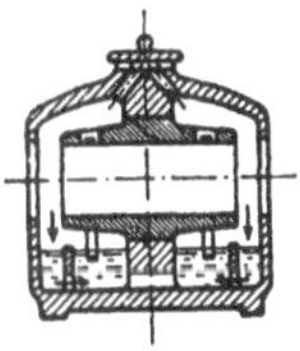

Fig. 88
Schema eines Ringschmierlagers (nach Kammerer)

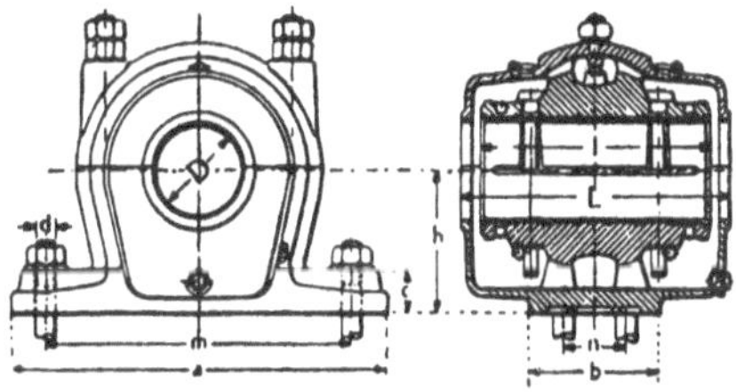

Fig. 89. Normales Triebwerkslager mit Weißmetallausguß und losen Schmierringen (Bamag, Dessau)

vorkommende Wert schwankt sehr stark. Er beträgt im allgemeinen 20 bis 40 kg/cm². Bei hochwertigen Werkstoffen und zweckmäßiger Konstruktion kann er bis 100 kg/cm² gesteigert werden und ist bei Kolbenbolzenlagern und Kreuzkopfzapfen bis 200 kg/cm² und mehr, bei allerdings stoßweiser Belastung, die durch das Hin- und Hergehen des Bolzens im Lager eine günstige Saugwirkung hervorruft.

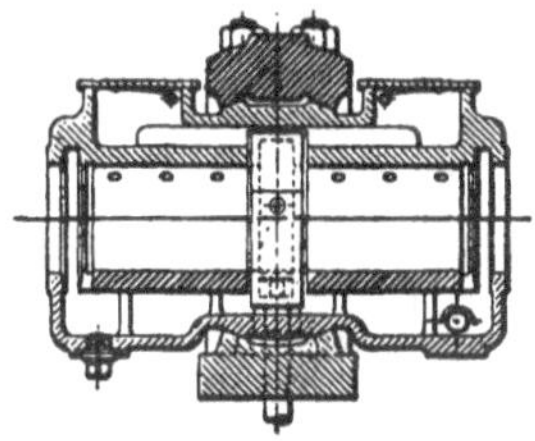

Fig. 90. Ringschmierlager mit festem Ring und Kugeleinstellung (Eisenwerk Wülfel)

Die zweite Forderung verlangt guten Wärmefluß. Bei starrer Lagerung der Lagerschale Aufliegen auf der ganzen Länge zwecks Abführung der Wärme in den Rahmen. Bei überragenden Schalenenden Umspülung mit Luft, Abführen der warmen Luft. Ölkühlung im Trog, gegebenenfalls Kühlschlange im Trog. Bei Zentralschmierung Rückkühlung des Öls.

Die Lagerschalen müssen gut auswechselbar sein. Bei stoßweisem Betrieb (Kurbeltrieb) laufen sie sich aus und müssen nachgestellt werden. Bei senkrechtem Wechseldruck legt man zwischen Ober- und Unterschale dünne Beilagen, die nach Bedarf herausgenommen werden. Bei waagerechtem Wechseldruck ordnet man vier Schalen an und macht diejenige der Seitenschalen, die sich ausläuft, durch einen dahinter gesetzten Stellkeil oder durch Druckschrauben nachstellbar (Fig. 83).

Die geringste zulässige Schmierschichtdicke beträgt bei sehr guter Bearbeitung etwa $h_{min} = 0{,}005$ mm. Die kleinste Schmierschichtdicke h_{min} im Lager ist für die meist vorkommenden Exzentrizitäten

$$h_{min} = \frac{d \cdot \eta \cdot \omega}{3{,}84 \cdot p_m \cdot \psi} \cdot \frac{1}{\frac{d+b}{b}}$$

mit $\psi = \frac{D-d}{d}$ = verhältnismäßiges Lagerspiel und $\frac{d+b}{b}$ = Korrektur zur Berücksichtigung der endlichen Lagerbreite. Umgekehrt kann für bestimmte gegebene Verhältnisse aus dieser Formel der zulässige mittlere Lagerdruck berechnet werden.

Aus $p_m = \frac{P}{b \cdot d}$ ergeben sich dann die Hauptabmessungen des Lagers.

Beispiel: Kurbelwellenlager eines Gasverdichters

$$P = 18100 \text{ kg},$$

$$d = 30 \text{ cm} \qquad b = 24 \text{ cm},$$

$$p_m = \frac{18100}{30 \cdot 24} = 25 \text{ kg/cm}^2,$$

$$\eta = 0{,}0094 \text{ kg } s/m^2 \text{ bei } t = 42^0,$$

$$n = 145 \text{ Umdr./min} \qquad \omega = 15\ 1/s,$$

$$\psi = \frac{D-d}{d} = \frac{0{,}045}{30}; \quad \frac{d+b}{b} = \frac{30+24}{24} = 2{,}24.$$

Die kleinste Schmierschichtdicke wird dann

$$h = \frac{30 \cdot 0{,}0094 \cdot 15 \cdot 30}{3{,}84 \cdot 10000 \cdot 25 \cdot 0{,}045 \cdot 2{,}24} = \underline{0{,}0045 \text{ cm}}.$$

Die Lagerschalen können als Vollschalen oder als Verbundschalen ausgeführt werden. Vollschalen können bestehen aus Gußeisen, Aluminium-, Magnesiumlegierungen, Bronze (GBz 12 oder GBz 14), Rotguß Rg 5, Messing, Bleibronze, Sintermetallen oder Kunsthartpreßstoffen. Nach Möglichkeit werden jedoch, um an hochwertigen, devisenbelasteten Werkstoffen zu sparen, Verbundschalen benutzt, die aus einer Stützschale aus Gußeisen, Stahlguß, Stahl oder Temperguß bestehen mit Ausgüssen aus Weißmetall, Bleilagermetallen oder Zinklagermetallen. Diese Metalle haben durchweg die Eigenschaft, daß sie bei versagender Schmierung nicht fressen. Man nennt dies Notlaufeigenschaft.

Die Ausgußmetalle pflegen bei unzulässig hohen Lagertemperaturen auszufließen. In solchen Fällen darf aber der Zapfen von dem Metall der Stützschale nicht angegriffen werden. Besteht die Gefahr des Ausfließens, wie z. B. bei Lokomotivkuppel- und Treibstangen, so wird noch eine Notlaufschicht aus Rg 5 untergelegt. Man erhält dann sog. Dreistofflager.

Weißmetall und Bronze sind nur in besonders wichtigen Fällen anzuwenden. Kunstharz ist bei niedriger Belastung und Lagertemperaturen unter 80° sehr geeignet und hat sich außerdem in Walzwerkslagern gut bewährt. In diesen wird auch Holz verwendet, das außerdem noch in Stevenrohrlagern vorkommt. Sintermetalle saugen sich voll Öl und geben es bei Erwärmung wieder ab. Sie halten zwar keine hohen Drücke aus, können aber nicht trocken laufen.

Die Lagerbohrung muß genau auf Maß ausgedreht sein. Das Spiel ist nach den Normen für Passungen zu wählen (DIN 776 bis 778). Im allgemeinen sollte Laufsitz genügen. Im Triebwerksbau ist Einheitswelle üblich. Nach Bedarf ist Einheitsbohrung zu wählen. Fig. 89 zeigt ein normales Triebwerkslager mit Weißmetallausguß.

γ) Die Schmierung

Die Hauptschmiermittel sind Fett und Öl. Schmierfett ist eine innige Mischung von Seife in Erdöl. Da die Zähigkeit größer ist als bei Öl, so ist auch der Reibungsverlust größer. Es darf nicht heißer als 60° werden. Bei etwa 70° fließt es in der Regel ganz plötzlich aus. Das austretende Fett ist nicht mehr verwendbar. Fettschmierung wird verwendet bei aussetzendem Betrieb (Hebemaschinen), Schwingzapfen, sehr langsam laufenden Zapfen ($n < 30$).

Die Fettzufuhr geschieht durch Staufferbüchse oder Fettkammer. Staufferbüchse ist schlecht, muß immer wieder nachgeschraubt werden. Fettkammer ist besser, wirkt selbsttätig und sparsam.

Als Schmieröl werden je nach dem Verwendungszweck Destillate oder Raffinate aus Erdölen, Steinkohle, Braunkohle und Schiefer oder pflanzlicher und tierischer Herkunft genommen. Diese können außerdem verarbeitet und besonders zusammengesetzt werden. Sie werden auch elektrisch behandelt oder mit kolloidalem Graphit versetzt. Wichtigste Eigenschaft ist die Zähigkeit (Fig. 91), die in dem im Lager vorkommenden Temperaturgebiet eine möglichst geringe Neigung haben soll. Für die Schmierölauswahl ist das Normblatt DIN 6543 zu Rate zu ziehen.

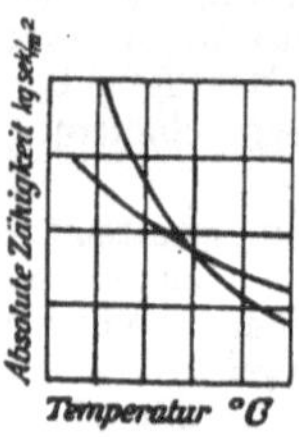

Fig. 91. Zähigkeit von Schmierölen

Man unterscheidet Öltropfschmierung, Ölumlaufschmierung und Preßölschmierung.

Die ältere Dochtölschmierung wird nicht mehr verwendet. Im Prinzip erscheint sie noch in der Schmierung der Eisenbahnachslager mit Schmierkissen, das von unten an den Zapfen vorgedrückt wird und das Öl aus dem Ölbehälter durch Kapillarwirkung ansaugt und an den Zapfen abgibt.

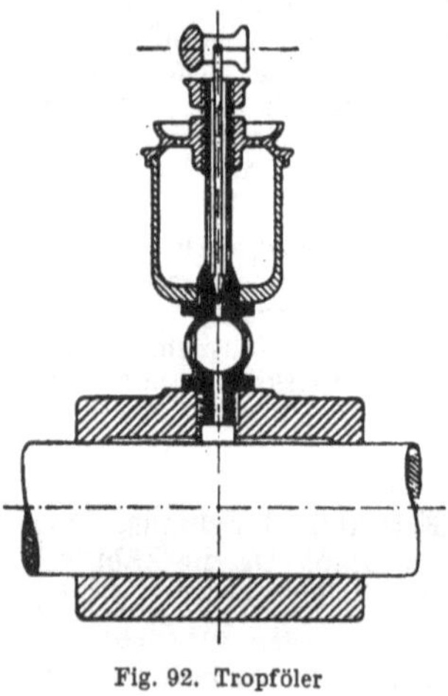
Fig. 92. Tropföler

Öltropfschmierung. Tropföler nach Fig. 92 müssen so viel Öl zuführen, wie aus dem Lager austritt. Sie lassen sich regulieren. Ölvorrat sichtbar. Müssen bei Stillstand geschlossen und bei Inbetriebsetzung wieder geöffnet werden. Das aus dem Lager austretende Öl muß vor Weiterverwendung gereinigt werden.

Ölumlaufschmierung. Grundgedanke: Kreislauf des Öls. Als Hebevorrichtung können Ringe dienen. Loser Ring Fig. 88 und 89; fester Ring Fig. 90. Vorteil: An- und Abstellen fällt fort, Neufüllung selten erforderlich. Vielfach wird eine Ölpumpe als gemeinsame Hebevorrichtung für viele Lager verwendet. Das ausfließende Öl wird gesammelt, gereinigt, gekühlt und der Pumpe wieder zugeführt. Die Anlage arbeitet selbsttätig. Preßölschmierung. Das Öl wird unter hohem Druck dem Lager zugeführt.

Das Öl muß grundsätzlich in der unbelasteten Zone zugeführt werden. Die Verteilung über die Lagerbreite geschieht dort zweckmäßig durch Quernuten oder Öltaschen.

2. Längslager

Als Längslager wurden bisher meist Scheibenlager, Ringlager und Kammlager verwendet.

Beim Scheibenlager oder Spurlager (Fig. 93) sitzt auf dem Zapfenende eine Scheibe, die auf einer Gegenscheibe läuft.

Beim Ringlager läuft ein Ring, der an der Welle sitzt, auf einem entsprechenden Ring des Lagers.

Sitzen zur Verminderung des Drucks mehrere Ringe hintereinander, so spricht man von Kammlagern. Diese werden jetzt nicht mehr gebaut.

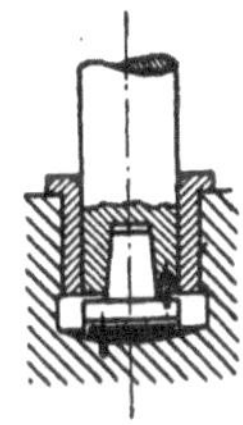

Fig. 93 Scheiben- oder Spurlager

Werkstoff: Wellenring aus Stahl, Lagerring mit Lagermetallbelag.

Die Reibungsverhältnisse sind ungünstig, da parallele Flächen aufeinander gleiten. Da keine Keilwirkung vorhanden ist, kann sich kein Druck in der Schmierschicht ausbilden. Zur Verbesserung der Schmierwirkung arbeitet man in der Bewegungsrichtung Keilflächen in die Scheiben ein.

Der Theorie entsprechend ist das Mitchell-Lager gebaut, das eine außerordentlich hohe Belastbarkeit aufweist. Der Grundgedanke ist folgender: Gleitet eine freibewegliche Scheibe über eine feste Ebene (Fig. 94), so wird sie sich unter dem Druck im Schmiermittel schräg stellen, etwa wie ein schnell über eine Wasserfläche gezogenes Brett. Es bildet sich ein Keilspalt mit der Öffnung in der Bewegungsrichtung. Die Resultierende der Schmierschichtdrücke liegt hinter dem Flächenmittelpunkt. Wird die gleitende Scheibe also hinter

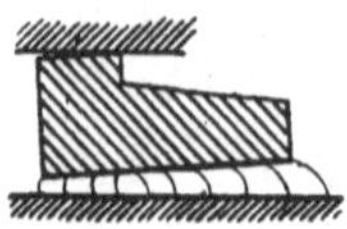

Fig. 94 Keilkraftschmierung.

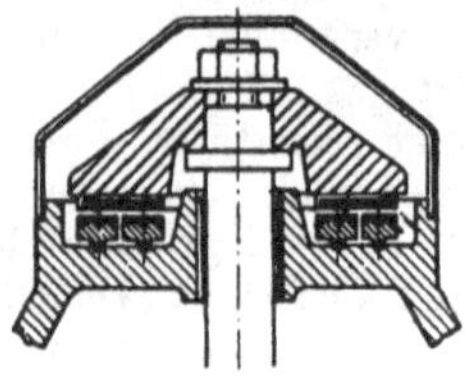

Fig. 95. Schema eines Längslagers mit Keilkraftschmierung

dem Mittelpunkt unterstützt, so stellt sie sich im Betrieb schräg ein, und die erwünschte Keilwirkung tritt auf. Fig. 95 zeigt das Schema eines solchen Lagers.

b) Wälzlager

Ein Wälzlager besteht aus Wälzkörpern (Kugeln oder Rollen) und besonderen vorzugsweise für Drehbewegung bestimmten Rollbahnkörpern. Vorteile: Geringes Anfahrmoment und bei allen Belastungen nahezu gleichbleibendes, sehr kleines Reibungsmoment, Schmiermittelersparnis (Nachschmierung nur in größeren Zeitabständen notwendig und damit auch geringerer Aufwand an Wartung), Platzersparnis in der Längsrichtung (gedrängtere Bauart der Maschinenteile), ferner bequemer Einbau und leichte Auswechselbarkeit, große Sauberkeit im Betrieb und lange Lebensdauer.

Als Rollkörper dienen Kugeln und zylindrische, kegelige oder tonnenförmige Rollen, die bei Querlagern zwischen konzentrischen Ringen und bei Längslagern zwischen parallelen Scheiben angeordnet sind. Um Störungen durch gegenseitige Berührung der Wälzkörper zu vermeiden und einen ordnungsgemäßen Umlauf derselben zu gewährleisten, werden sie von einem Käfig geführt und in gleichen Abständen gehalten.

Man unterscheidet

1. Ringlager (früher Querlager)

   a) Ringrillenlager ohne Füllnuten (Fig. 96) und Ringschulterlager nach DIN 615 und 625
      Ringrillenlager zweireihig mit Füllnut nach DIN 625
      Ringschräglager nach DIN 628
         einreihig nicht selbsthaltend (Fig. 97)
         als Vierpunktlager
         zweireihig (Fig. 98)
         zweireihig mit Trennkugeln an Stelle des Käfigs
      Ringpendellager zweireihig nach DIN 630 (Fig. 99),

   b) Ringrollenlager
      Ringzylinderlager nach DIN 5412 einreihig oder zweireihig mit seitlichen Führungsborden am Außenring oder am Innenring oder an beiden Ringen (Fig. 100)
      Nadellager nach DIN 617
      Ringkegellager nach DIN 720 (Fig. 101)
      Ringtonnenlager einreihig und zweireihig als Pendellager mit kugeliger Lauffläche im Außenring (Fig. 102 und 103).

2. Scheibenlager (früher Längslager)
   Scheibenrillenlager, einreihig oder zweireihig, einseitig wirkend, nach DIN 711 (Fig. 104)
      zweiseitig wirkend, nach DIN 715 (Fig. 105)
   Scheibenrollenlager nach DIN 728
      mit Spannführung oder mit Spielführung.

Aus den einzelnen Normblättern sind jeweils die Abmessungen dieser Lagerreihen ersichtlich. Im übrigen sind die Hauptabmessungen sämtlicher Ringlager sowie die Hauptgruppen für Breite und Maßreihe in DIN 616 zusammengefaßt.

Für die Verwendung der einzelnen Bauarten sind die Verwendungsgruppen nach DIN 611 maßgebend.

Für die Befestigung der Wälzlager, die Schmierung, Abdichtung usw. sind von den Wälzlagerherstellern ausführliche Anleitungen herausgegeben worden, deren Einhaltung einen einwandfreien Lauf der Wälzlager gewährleistet.

Zum Aufsetzen von Wälzlagern an beliebigen Stellen auf glatten Wellen dienen geschlitzte Spannhülsen mit zylindrischer Bohrung, die außen konisch sind. Die Innenringe der zugehörigen Lager erhalten eine konische Bohrung.

In einem Wälzlager tragen die Wälzkörper nur dann gleichmäßig, wenn sie alle gleich groß sind. Die Kugeln und Rollen werden deshalb jeweils für ein Lager mit sehr engen Toleranzen ausgesucht. Es ist daher nicht möglich, ein einzelnes Stück zu ersetzen. Die innere Beweglichkeit der einzelnen Lager ist verschieden.

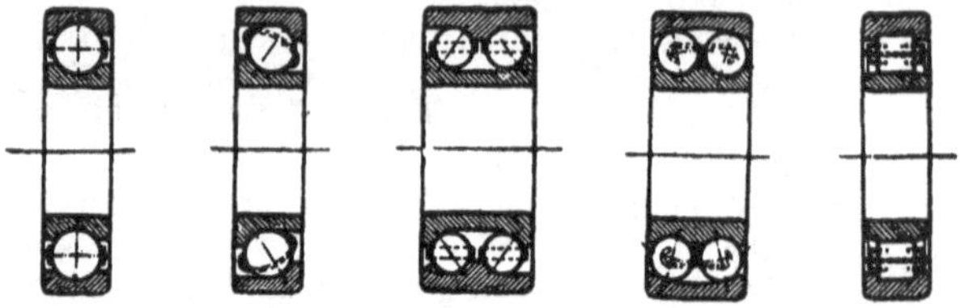

Fig. 96 Fig. 97 Fig. 98 Fig. 99 Fig. 100

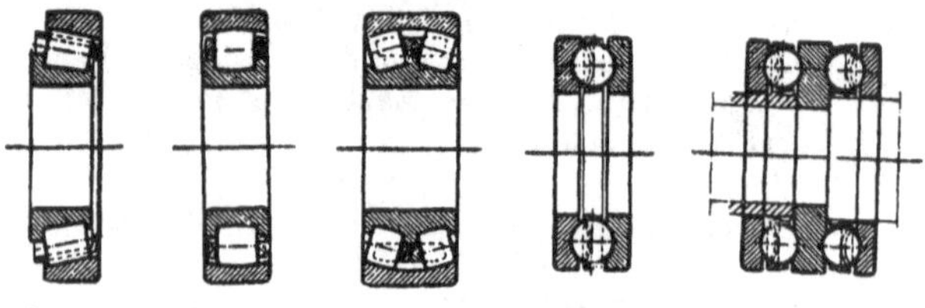

Fig. 101 Fig. 102 Fig. 103 Fig. 104 Fig. 105

Fig. 96 – 105. Wälzlagertypen (Werkzeichnungen Kugelfischer)

Man unterscheidet Lagerluft und Lagerspiel. Lagerluft ist bei Ringrillenlagern, einreihigen Ringtonnenlagern und Ringzylinderlagern der Unterschied der Durchmesser des größten Laufbahnkreises des Außenringes und des entsprechenden Hüllkreises um die Wälzkörper, bei Ringpendellagern und zweireihigen Ringpendellagern der Unterschied der Durchmesser der Kreise durch die Berührungspunkte der Laufbahn und der Hüllkugel, die in einem Schnitt senkrecht zur Lagerachse liegen. Lagerspiel ist die gesamte Bewegungsmöglichkeit, die sich unter Last ergibt, also Luft einschließlich Federung.

Weiterhin werden nach Radialspiel, Axialspiel und Winkelspiel unterschieden.

Die Tragfähigkeit der einzelnen Lager ist verschieden; so trägt ein Rollenlager auf Grund seiner Auflage über die ganze Breite des Wälzkörpers mehr als ein Kugellager. Ein Längslager trägt mehr als ein Querlager, da bei ihm sämtliche Wälzkörper gleichzeitig tragen.

Nach Jürgensmeyer können bei einem Ringlager je nach der Richtung der Last im Verhältnis zur Laufbahn eines Ringes folgende Belastungsarten vorkommen:

1. Der Ring (Innen- oder Außenring) steht still — die Last steht still: „Punktlast".
   In einem Transmissionslager z. B. läuft der Innenring um, und der Außenring steht still. Die Last wirkt dauernd in der gleichen Richtung, steht also im Verhältnis zum Außenring still und wirkt immer auf denselben Punkt desselben.
2. Der Ring läuft um — die Last steht still oder der Ring steht still — die Last läuft um: „Umfangslast".
   Z.B. in einem Transmissionslager oder einem Elektromotorenlager läuft der Innenring um, während die Last stillsteht. Der Ring erhält Umfangslast. Läuft aber die Last als Folge einer Unwucht um, so erhält der stillstehende Außenring Umfangslast.
3. Der Ring pendelt — die Last steht still oder der Ring steht still — die Last pendelt: „Pendellast".
   Wirkt z.B. bei einem hin- und herpendelnden Hebel die Last immer in Hebelrichtung, so erhält der Außenring Pendellast.

Die „Last" ist in dieser Betrachtung die Resultierende aller radialen Lagerkräfte.

Der häufigste Fall ist die Umfangslast mit umlaufendem Innenring, wobei der Außenring fest im Gehäuse liegt. Wenn der Außenring umläuft, ist die Belastungsfähigkeit des Lagers 30% kleiner.

Scheibenlager sind im Verhältnis zu ihrer Größe höher belastbar als Ringlager, da insbesondere bei senkrecht stehender Welle alle Kugeln oder Rollen gleichmäßig belastet werden.

Von den Ringlagern sind einige in beiden Richtungen, manche nur in einer Richtung und andere gar nicht axial belastbar.

Die Beanspruchung der Wälzlager

Nach den grundlegenden Versuchen von Stribeck ist für die Festigkeit der Wälzlager nicht die Bruchlast, sondern die Sprunglast maßgebend, bei der der erste Sprung in der Druckfläche auftritt. Dieser führt dann sehr bald zur Zerstörung des Lagers.

Werden zwei Kugeln vom Durchmesser d_1 und d_2 gegeneinander gedrückt, so ist die mittlere Pressung p_m an der Druckfläche nach Hertz

$$p_m = 0{,}411 \sqrt[3]{\frac{P_0}{\alpha^2}\left(\frac{1}{d_1} + \frac{1}{d_2}\right)},$$

wenn P_1 die Last und $\alpha = \frac{1}{E}$ die Dehnungszahl des Werkstoffes ist.

Mit $d_1 = d_2 = d$ wird

$$p_m = 0{,}652 \sqrt[3]{\frac{P_0}{\alpha^2} \cdot \frac{1}{d^2}}.$$

Tritt an die Stelle der einen Kugel eine ebene Platte, so wird $d_2 = \infty$, und es wird

$$p_m = 0{,}411 \sqrt[3]{\frac{P_0}{\alpha^2} \cdot \frac{1}{d_1^2}} = 0{,}652 \sqrt[3]{\frac{P_0}{\alpha^2} \cdot \frac{1}{4\,d^2}}.$$

Wird die Platte ausgehöhlt, so daß sie sich wie der Außenring eines Kugellagers an die Kugel anschmiegt und macht man den Durchmesser der Schmiegung $d_2 = -2d_1$, so wird

$$p_m = 0{,}411 \sqrt[3]{\frac{P_0}{\alpha^2}\cdot\frac{1}{4d_1^2}} = 0{,}652 \sqrt[3]{\frac{P_0}{\alpha^2}\cdot\frac{1}{16d^2}}\,.$$

Bei gleichen Pressungen p_m verhalten sich in den drei Fällen die Belastungen P_0 wie 1 : 4 : 16. Die Schmiegung der Rinne, in der die Kugel läuft, ist also für die Beanspruchung günstig. Der Außenring schmiegt sich in beiden Richtungen an die Kugel an, was vorteilhaft ist. Die Beanspruchung am Innenring ist dagegen ungünstig, da er sich nur in einer Richtung anschmiegt, in der anderen Richtung dagegen gewölbt ist.

Für Rollenlager gilt, wenn d_1 der Rollendurchmesser, l die Rollenbreite und d_2 der Ringdurchmesser ist,

$$p_m = 0{,}465 \sqrt{\frac{P_0}{\alpha^2\cdot l}\left(\frac{1}{d_1}+\frac{1}{d_2}\right)} = 0{,}465 \sqrt{\frac{P_0}{\alpha^2\cdot l\cdot d}}\,.$$

Die Gesamtlast P der Lagers verteilt sich beim Querlager ungleichmäßig auf die Wälzkörper (Figur 106). Der in der Mittelachse stehende wird am höchsten belastet. Ist Z die Anzahl der Wälzkörper, so wird die auf ihn wirkende Kraft

$$P_0 \approx \frac{5P}{Z}\,.$$

Fig. 106. Belastung der Wälzkörper

Löst man die Formeln für p_m nach P_0 auf, so erhält man

für Kugellager $\quad P_0 = \dfrac{p_m^3\cdot\alpha^3}{0{,}652^3}\cdot d^2 = k\cdot d^2,$

für Rollenlager $\quad P_0 = \dfrac{p_m^2\cdot\alpha^2}{0{,}465^2}\cdot l\cdot d = k\cdot l\cdot d.$

Der Kennwert k ist also eine vom Baustoff abhängige Konstante, mit deren Hilfe ursprünglich die Wälzlager berechnet wurden.

Der Wert für p_m liegt jedoch weit über der Streckgrenze. Die Wälzlager werden also so hoch beansprucht, daß nach einer bestimmten Laufzeit Ermüdungserscheinungen eintreten, die sich im allgemeinen zuerst in Beschädigungen an der Lauffläche eines Ringes auswirken. Für die Auswahl des Lagers ist daher die Lebensdauer maßgebend, die auf Grund von Erfahrungen und Versuchen bekannt ist. Sie ist abhängig von Belastung und Drehzahl.

Die Berechnung der Wälzlager

Für die Berechnung sind in DIN 622 die Begriffe der Tragfähigkeit, der ideellen Lagerlast und der Lebensdauer sowie deren Beziehungen zueinander festgelegt worden.

Die Zahl der Überrollungen, die die höchstbeanspruchte Stelle des Lagers bis zum Bruch aushält, ist von der Last P abhängig. Ist nun L_n die Gesamtzahl der Umdrehungen bis zum Bruch und n U/min die gegebene Drehzahl, so ist

$$L_h = \frac{L_n}{n \cdot 60} \text{ [st]}$$

die Lebensdauer des betreffenden Lagers in Betriebsstunden. Da diese von der Last abhängt, ergibt sich die Beziehung

$$P = f(L_h) \text{ bzw. } P = f(L_h)_{n=\text{konst}},$$

die als Kurve aufgetragen mit den bekannten Wöhlerkurven Ähnlichkeit hat. Für den Bereich $L_n \approx 1 \div 100 \cdot 10^6$ Umdrehungen kann sie näherungsweise als kubische Parabel angenommen werden.

Da nicht alle Lager einer Type die gleiche Lebensdauer haben, muß eine gewisse Streuung in Kauf genommen werden. Man geht deshalb von der Lebensdauer L_n in Gesamtumdrehungen bzw. L_h Betriebsstunden aus, die von 90% der Lager erreicht wird. Diese 90% der Lager halten im Durchschnitt fünfmal so lang wie die übrigen 10%. Ist nun C die Tragzahl in kg, die konstante Last, die ein Lager bei einer rechnerischen Lebensdauer von 10^6 Umdrehungen aushält, so gilt die Lebensdauergleichung

$$L_h = (C/P)^3,$$

d. h.

1. Bei gleicher Belastung P verhalten sich die Lebensdauern zweier Lager wie die 3. Potenzen ihrer Tragzahlen.
2. Die Lebensdauer eines Lagers verhält sich bei verschiedenen Belastungen P umgekehrt wie die 3. Potenzen der Lasten P.

Sind C und P bekannt, so läßt sich L_n in weiten Grenzen in die beiden Faktoren L_h und n aufspalten gemäß der Beziehung

$$L_n = 60 \cdot L_h \cdot n .$$

Betrachtet man die Belastung bei $L_n = 10^6$ Umdr. als Volllast = 100% der möglichen Last, so kann für diesen Fall $P = C$ und $L_n = 1$ gesetzt werden. Es ist weiter üblich, zu setzen

$$C/P = \sqrt[3]{L_h} = \sqrt[3]{60 \cdot L_h \cdot n} = \frac{f_L}{f_n} .$$

In DIN 622 wird $f_L = 1{,}0$ für $L_h = 500$ und $f_n = 1{,}0$ für $n = 33\tfrac{1}{3}$ U/min gesetzt. Damit wird die Gleichung erfüllt

$$L_n = 60 \cdot 500 \cdot 33\tfrac{1}{3} = 10^6 \text{ Umdrehungen.}$$

Man erhält daraus die beiden Faktoren:

Lebensdauerfaktor $\quad f_L = \sqrt[3]{L_h/_{500}}$,

Drehzahlfaktor $\quad f_n = \sqrt[3]{33\tfrac{1}{3}/n}$.

Mit Hilfe dieser Faktoren lassen sich dann an Hand von Zahlentafeln oder Leitertafeln die Lager aussuchen.

Die in dieser Berechnung eingesetzte Last P ist eine ideelle Last, die aus der wahren Belastung errechnet werden muß. Diese pflegt in den meisten Fällen aus einer Radiallast P_r und einer Axiallast P_a zusammengesetzt zu sein.

Bei Scheibenlagern fällt die Radiallast fort, so daß die ideelle Last der tatsächlichen Axiallast entspricht

$$P = P_a .$$

Für Ringlager gilt

$$P = x \cdot P_r + y \cdot P_a,$$

d. h., daß die Radiallast noch eine besondere Bewertung erfährt, die auf den Fall der Umfangslast für den Innenring als Grundfall bezogen wird. Hierfür wird $x = 1,0$ gesetzt. Für Punkt- oder Pendellast für den Innenring muß dann mit einem höheren Faktor $x = 1,4$ gerechnet werden. Bei Pendellagern wird $x = 1,1$.

Die Axiallast muß in eine äquivalente Radiallast umgerechnet werden, was mit Hilfe des Faktors y geschieht. Dieser ist von der Bauart des Lagers abhängig und muß um so größer gewählt werden, je empfindlicher das Lager gegen Axialbelastung ist. Für die in den Figuren dargestellten Lager gilt:

Ringrillenlager (Fig. 96)	$y = 1,4 \div 2,0$
Ringschräglager, einreihig (Fig. 97)	$y = 1,1$
Ringschräglager, zweireihig (Fig. 98)	$y = 1,3$
Ringpendellager (Fig. 99)	$y = 1,5 \div 4,5$
Ringzylinderlager (Fig. 100)	nicht axial belastbar
Ringkegellager (Fig. 101)	$y = 1,4 \div 2,2$
Ringtonnenlager, einreihig (Fig. 102)	$y = 2,5$
Ringtonnenlager, zweireihig (Fig. 103)	$y = 2,9 \div 4,8.$

Eine konstante Belastung der Lager kommt selten vor. Ändern sich Last und Drehzahl, so wird eine Umrechnung auf eine äquivalente Einheitslast bei einer bestimmten Drehzahl erforderlich.

Die Reibung

Im Betrieb tritt kein reines Abrollen der Wälzkörper auf den Laufflächen ein, sondern teilweises Gleiten. Die Laufwiderstände setzen sich also aus einem Anteil Rollwiderstand und einem Teil Gleitwiderstand zusammen. Der Rollwiderstand ist abhängig von den elastischen Eigenschaften des Werkstoffes, der Rollgeschwindigkeit und der Gestalt und gegenseitigen Lage der Oberflächen. Die Größe des Gleitwiderstandes ist von der Schmierung und der Schmiegung bzw. dem seitlichen Anlauf der Rollen abhängig. Bezieht man das Reibungsmoment M auf den Wellendurchmesser d, so ist mit der Lagerkraft P

$$M = P \cdot \frac{d}{2} \cdot \mu_i,$$

μ_i ist die auf die Welle bezogene ideelle Reibungszahl, die einen Vergleich mit dem Gleitlager gestattet. Der absolute Wert für μ_i ist sehr niedrig und liegt im Mittel bei 0,001 bis 0,002. Nur bei sehr kleiner Last kann er bis auf 0,005 ansteigen. Im übrigen ist er von der Last nahezu unabhängig.

Als Schmierung kann Öl- oder Fettschmierung angewendet werden. Ölschmierung, für höhere Drehzahlen, erfordert häufiges Nachölen, wenn das Lagergehäuse nicht als Ölbehälter ausgebildet ist. Auf gute Abdichtung ist zu achten. Bei Fettschmierung, für niedrige Drehzahlen, wird das Lager selbst ganz eingefettet und das Gehäuse zum Teil mit Fett angefüllt. Eine solche Fettfüllung hält sehr lange vor.

Der Einbau

Im allgemeinen soll der Innenring auf der Welle festsitzen. Kleine Lager werden kalt, große Lager nach Anwärmung in Öl auf 70° bis 80° aufgeschoben. Der Außenring pflegt mit Schiebesitz im Gehäuse zu sitzen, damit er in Loslagern axial nachgeben kann. Mit Punkt- oder Pendellast belasteter Innen- oder Außenring im Loslager erhält gegen Welle bzw. Gehäuse beidseitig ein solches Spiel, daß durch Wärmedehnung kein Klemmen möglich ist. Axiales Festklemmen des Außenrings in Festlagern erfordert einen guten Sitz desselben. Ringe mit kegeligem Sitz sollen beim Aufsetzen nicht zu sehr geschmiert sein, da sie sonst zu leicht abrutschen.

III. Die Kupplungen

a) Zweck

Zweck der Kupplungen ist die Verbindung zweier Wellen miteinander. Man unterscheidet dabei folgende Fälle:

1. Die beiden Wellen sollen starr miteinander verbunden sein, und zwar so, als wenn sie aus einem Stück wären (starre Kupplungen).

2. Die Kupplung soll den Wellen eine kleine Längsbewegung gestatten oder zwei Wellen verbinden, deren Achsen parallel, aber nicht in einer Flucht liegen (bewegliche Kupplungen).

3. Die Kupplung soll es ermöglichen, daß die Wellen um ein geringes gegeneinander versetzt oder in geringer Schiefstellung zueinander laufen und im Antrieb auftretende Stöße gemildert werden (elastische Kupplungen).

4. Die Kupplung soll während des Ganges ein- und ausrückbar sein (Schaltkupplungen).

b) Starre Kupplungen

Die Schalenkupplung (Fig. 107) besteht aus zwei Schalen, von denen die eine genutet ist. Diese werden durch Schrauben

Fig. 107. Schalenkupplung

aufeinandergepreßt. Sie werden nicht durch die Wellen zentriert, sondern sind mit abgesetzten Schnittflächen aufeinandergepaßt. Die Kupplungen haben das gleiche Dreh- und Biegungsmoment wie die Welle zu übertragen. Das Drehmoment wird durch die Pressung in der Bohrung übertragen. Der Reibungswiderstand ist

$$R = p \cdot \mu \cdot \frac{\pi d \cdot l}{2} \text{ [kg]}.$$

Darin ist p die Flächenpressung zwischen Bohrung und Welle, $\mu \approx 0{,}3$ der Reibungswert, d der Wellendurchmesser und l die Länge der Kupplung. Der Druck p ist durch die Schrauben zu erzeugen. Ist Q der Druck auf einen Wellenstumpf und i die Anzahl der Schrauben, so wird

$$p = \frac{Q}{\frac{l \cdot d}{2}} \; [\mathrm{kg/cm^2}],$$

$$Q = \frac{i}{2} \cdot \frac{\pi \delta^2}{4} \cdot \sigma_1 \; [\mathrm{kg}].$$

δ = Schraubendurchmesser,
σ_1 = Zugspannung in der Schraube.

Die Scheibenkupplung (Fig. 108) besteht aus zwei Scheiben mit Naben, die auf die Wellenenden warm aufgezogen werden.

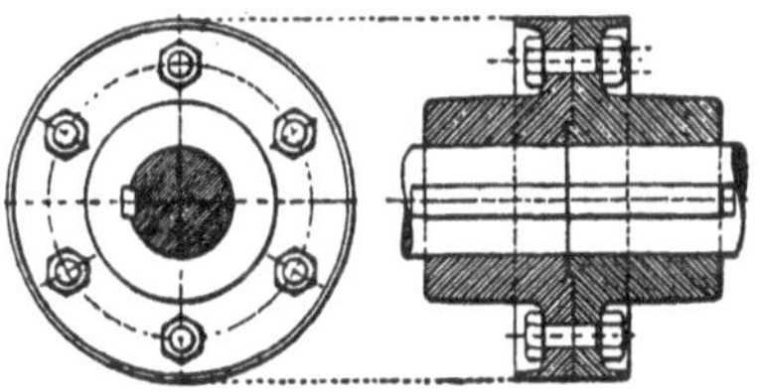

Fig. 108. Scheibenkupplung

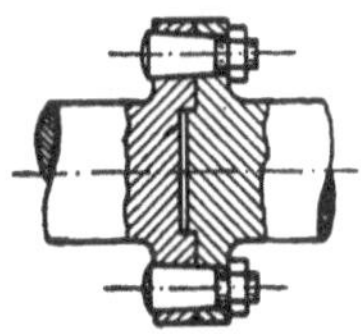

Fig. 109. Flanschkupplung

Sicherstellung der richtigen Verbindung durch Zentrierleiste. Bei Verwendung als Trennkupplung wird ein zweiteiliger, herausnehmbarer Ring zwischen die Kupplungshälften gelegt, der auf Zentrierleisten sitzt.

Sind die Schrauben eingepaßt, was immer der Fall sein sollte, so werden sie auf Biegung bzw. auf Abscheren beansprucht. Sind sie lose eingesetzt, so haben sie Zugspannung zu ertragen, da das Drehmoment durch die Reibung auf den aufeinandergepreßten Scheiben übertragen wird.

Alle Kupplungen müssen durch eingelegte Federn gesichert werden, da bei Verdrehung Fressen eintreten kann.

Für Wellen über 200 mm Durchmesser wird die Scheibenkupplung zu schwer. Sie wird dann ersetzt durch an die Wellenenden angeschmiedete Flansche (Fig. 109). Die Schrauben werden dicht an die Welle gerückt, kegelig ausgeführt und eingeschliffen.

Sie werden auf Abscheren beansprucht.

Ist R der Abstand des Schraubenkreises von der Wellenachse und M_d das Drehmoment, so ist die von den Schrauben zu übertragende Umfangskraft

$$U = \frac{M_d}{R} \text{ [kg]}.$$

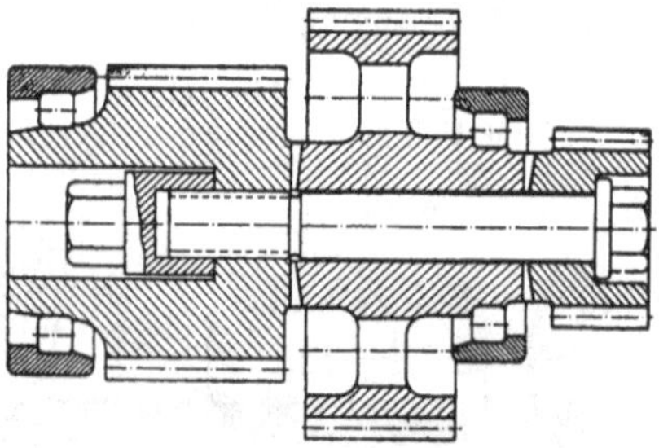

Fig. 110. Hirth-Stirnverzahnung (aus Findeisen)

Nimmt man alle Schrauben als gleichmäßig tragend an, so ist die Last je Schraube

$$Q = \frac{U}{i} \text{ [kg]}.$$

Ist f der Schaftquerschnitt der Schrauben, so ist die Scherspannung

$$\tau = \frac{Q}{f} \text{ [kg/cm}^2\text{]}.$$

Die Hirth-Stirnverzahnung ist eine Plankerbverzahnung, die nur an Hohlwellen verwendbar ist. An der Stirnseite der zu verbindenden Teile ist eine Kerbverzahnung mit nach dem Mittelpunkt zu verjüngten Zähnen. Dadurch wird eine gute Zentrierung gewährleistet. Die Teile werden durch Schrauben zusammengehalten (Fig. 110). Das hat den Vorteil, daß man ein Konstruktionsteil aus mehreren Stücken zusammensetzen kann, die aus verschiedenen Werkstoffen bestehen bzw. getrennt hergestellt werden. Keile und Paßfedern fallen fort.

c) Längs- und winkelbewegliche Kupplungen

Bei langen Wellensträngen, die Temperaturschwankungen ausgesetzt sind, treten Wärmedehnungen auf, die eine Längsverschiebung der Wellenenden veranlassen. Ist z. B. das eine Ende eines Stranges mit Rücksicht auf den Antrieb festgelegt und sitzen auf dem anderen Ende Kegelräder oder Reibungskupplungen usw., die ebenfalls keine Verschiebung gestatten, so muß dazwischen eine bewegliche Kupplung sitzen. Auch sonst legt man Wert darauf, daß die Wellen möglichst genau in ihren Lagern liegenbleiben. In diesen Fällen verwendet man eine Ausdehnungskupplung (Fig. 111), bei der die auf den Wellenenden festsitzenden Kupplungshälften mit Klauen ineinandergreifen.

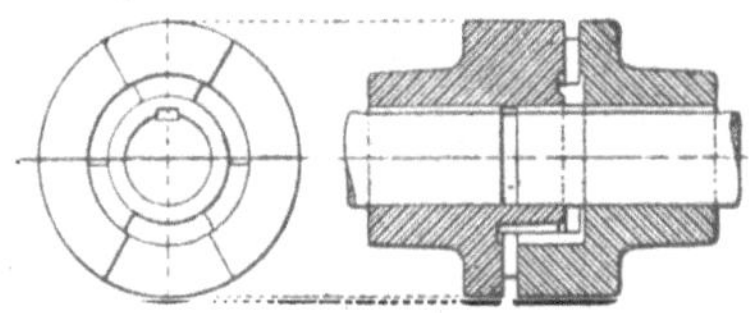

Fig. 111. Ausdehnungskupplung

Die zentrische Lage der Hälften zueinander wird dadurch gewährleistet, daß man die eine Nabe über beide Wellenenden greifen läßt oder einen besonderen Zentrierring einlegt, auf dem die Klauen gleiten. Lagerung zu beiden Seiten der Kupplung ist erforderlich.

Sehr geringe Längsverschiebungen können auch von einigen elastischen Kupplungen aufgenommen werden.

Stehen die Wellen in einem kleinen Winkel zueinander geneigt, so muß eine winkelbewegliche Kupplung (Kardangelenk) eingebaut werden. Die gebräuchliche Ausführung ist die Kreuzgelenkkupplung (Fig. 112). Sie besteht aus zwei Naben, die mit je zwei Zapfen versehen sind, die in zwei ungeteilten, miteinander verschraubten Ringen kreuzweise drehbar gelagert sind. Die Drehung der angetriebenen Welle ist nicht mehr gleichförmig, was sich jedoch bis zu einem Ablenkungswinkel von 5^0 kaum bemerkbar macht. Der Ablenkungswinkel soll deshalb auch nicht größer sein. Bei einer einfacheren Ausführung, die z. B. an der Kardanwelle für Kraftwagen üblich ist, sind die Ringe durch nachgiebige Asbestscheiben ersetzt, an die die Gelenkkreuze angeschraubt sind.

Sind zwei Wellen gegeneinander versetzt oder müssen sie im Betrieb gegeneinander gehoben oder gesenkt werden

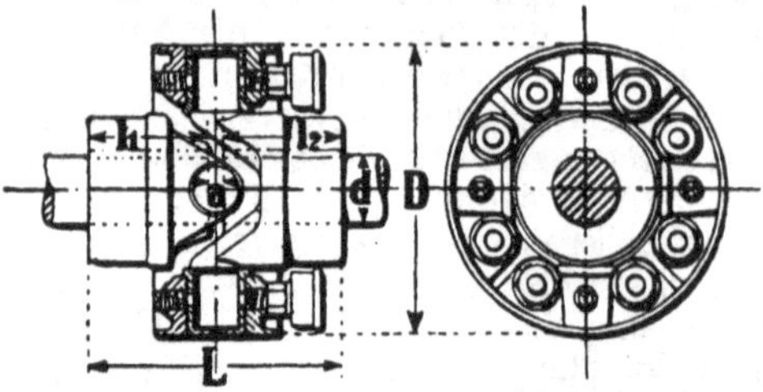

Fig. 112. Kreuzgelenkkupplung (Bauart Penig)

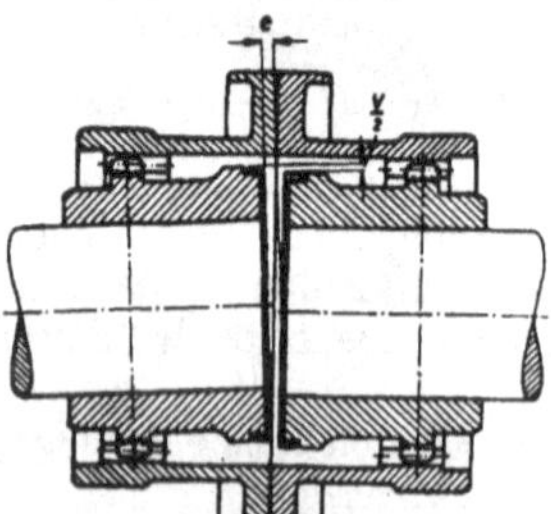

Fig. 113
Tacke-Bogenzahn-Kupplung, allseitig verlagert (aus Findeisen)

(Kraftwagen, Werkzeugmaschinen), so werden zwei solche Kupplungen mit einer Zwischenwelle hintereinander gesetzt. Die Wellen liegen dann wieder parallel und laufen gleichförmig.

Werden zwei Zapfenlager als Gleitsteine ausgebildet, so kann die Kupplung gleichzeitig als Ausdehnungskupplung wirken.

Es gibt auch einige Ausführungen, bei denen die Drehung gleichförmig übertragen wird. Die Tacke-Bogenzahn-Kupplung (Fig. 113) bietet die Möglichkeit, nicht nur gleichachsig gelagerte Wellen zu verbinden, sondern auch parallele, winklige und allseitige Verlagerung der Wellen auszugleichen. Auf den beiden Naben sitzen Zahnkränze mit bogenförmigen Zähnen, die in Innenzahnkränze in der übergeschobenen Hülse eingreifen.

d) Elastische Kupplungen

Diese dienen dazu, Stöße und Schwingungen zu mildern und Resonanzschwingungen zu vermindern (Dämpfungskupplungen). Sie können auch zur elastischen Verspannung zweier Wellen und schließlich zur Messung des übertragenen Drehmoments benutzt werden. In Verbindung mit einer Rutschkupplung bildet eine elastische Kupplung ein feinfühliges Sicherungselement gegen Überbelastungen.

Die Dämpfung wird bei den neuesten Konstruktionen als Federdämpfung durch elastische Glieder bewirkt, die in Form von Federn oder Puffern aus Leder, Gummi od. dgl. in die Kupplung eingebaut werden. Die Federn können als Biegungsfedern (σ-Federn) oder als Verdrehungsfedern (τ-Federn) ausgeführt sein, und sie können so angebracht sein, daß sie gewissermaßen das Drehmoment als solches direkt übertragen (M-Federn) oder derart, daß eine Umfangskraft auf sie wirkt (P-Federn). Diese können wiederum als Zug- oder Druckfedern angeordnet werden, wobei letzteres die Regel bildet. Gummi- und Lederpuffer werden meist als Druckpuffer verwendet, können aber auch auf Schub beansprucht werden. Schließlich findet man noch Riemen und Riemenschlaufen als elastische Glieder.

Neben der Federdämpfung steht die Bremsdämpfung, bei der die Relativbewegung der beiden gegeneinander schwingenden Kupplungshälften durch eine Bremsvorrichtung aufgenommen wird.

Aus den mannigfaltigen Konstruktionen seien einige Typen herausgegriffen.

Bei kleinen Motoren nimmt man eine Art Scheibenkupplung, bei der die Scheiben an ihren Stirnwänden Stifte tragen, die in einen dazwischengelegten Lederring eingreifen.

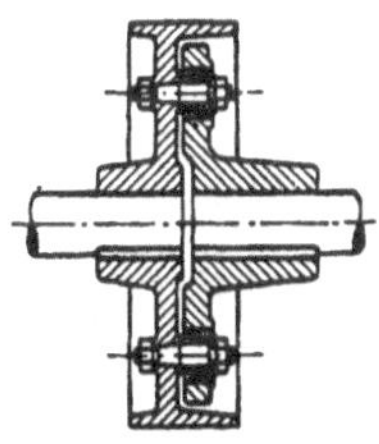

Fig. 114
Elastische Kupplung

Im Kranbau ist durchweg eine Ausführung nach Fig. 114 üblich. Abwechselnd sitzen auf der rechten und linken Scheibe Bolzen, die einen Gummiring oder Lederscheiben tragen und in entsprechende Löcher in der Gegenscheibe eingreifen.

Die Eupex-Kupplung von Flender (Fig. 115) trägt in der einen Hälfte Kupplungspakete aus Gummi, gegen die sich die Nocken der anderen Hälfte legen. Die Dämpfungsarbeit entspricht der Formänderungsarbeit der Pakete und wird in diesen durch innere Arbeit in Wärme umgesetzt.

Die Wülfel-Elco-Kupplung (Fig. 116) hat als Zwischenglieder gerillte Gummihülsen. Durch Rillenform, Rillenzahl und Rillentiefe läßt sich die Elastizität abstufen und die Federkennlinie beeinflussen.

Fig. 115. Eupex-Kupplung (Werkphoto Flender)

e) Ein- und ausrückbare Kupplungen (Wellenschalter)

Man unterscheidet solche, die nur im Stillstand und solche, die auch während des Ganges eingerückt werden können.

1. Im Stillstand einrückbare Kupplungen

Zu den ersteren gehört die Klauenkupplung, die konstruktiv genau der Ausdehnungskupplung (Fig. 111) entspricht, nur mit dem Unterschied, daß die eine Kupplungshälfte auf der Welle verschiebbar ist und durch den eingelegten Federkeil mitgenommen wird.

Das Ausrücken dieser Kupplungen kann auch während des Laufs geschehen, das Einrücken dagegen nur im Stillstand.

Ein Nachteil sind die Federkeile.

Fig. 116. Wülfel-Elco-Kupplung (Werkphoto Wülfel)

Letzterer Übelstand wird durch die Hildebrandtsche Kupplung (Fig. 117) beseitigt. Bei dieser sitzen die Teile *A* und *C* fest und unverrückbar auf ihren Wellenenden, und die drei Zähne der verschiebbaren Muffe *B* greifen schließend in drei Zahnlücken der Scheibenteile von *A* und *C* ein und kuppeln so die beiden Wellen.

2. Während des Ganges einrückbare Kupplungen

Soll eine stillstehende Welle mit einer sich drehenden gekuppelt werden, so ist folgendes zu beachten:

Die stillstehende Welle mit allen daranhängenden, bewegten Teilen muß beschleunigt werden. Dazu muß außer dem für den Beharrungszustand, in dem nur der normale äußere Widerstand zu überwinden ist, erforderlichen Drehmoment noch ein besonderes Beschleunigungsmoment von der Kupplung übertragen werden, das so lange wirkt, bis die getriebene Welle die gleiche Drehzahl wie die treibende erreicht hat. Während dieser Zeit müssen die Kupplungshälften aufeinander gleiten können. Dementsprechend verwendet man für diesen Zweck Reibungskupplungen.

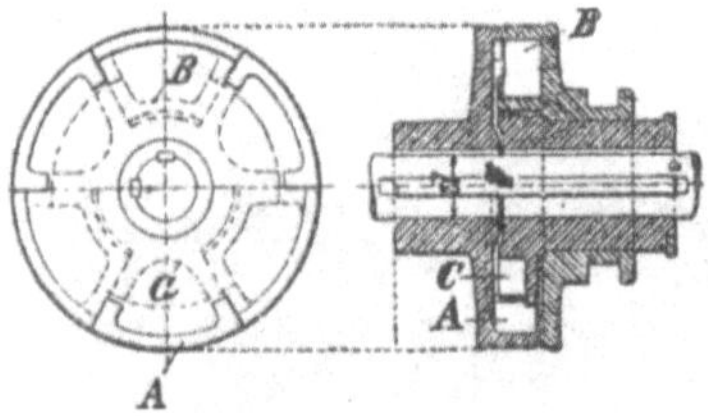

Fig. 117. Hildebrandtsche Klauenkupplung

Bei der Berechnung ist zu beachten, daß die höchste auftretende Umfangskraft sehr viel größer ist als der konstante Widerstand. Die Kupplungen und Wellen sind entsprechend stark zu machen. Die Reibungsleistung pro Flächeneinheit darf nicht zu groß und die Reibungswärme muß von den Massen der Kupplung gut abgeleitet werden. Ist U die Umfangskraft und N die Normalkraft auf die Reibfläche, so ist

$$N = \frac{U}{\mu} .$$

Der Reibungswert μ schwankt je nach der Wahl der Werkstoffe für die Reibflächen. Man nimmt Gußeisen auf Gußeisen geschmiert oder trocken ($\mu \approx 0,05 - 0,2$), Holz auf Gußeisen trocken ($\mu \approx 0,2 - 0,3$) oder getränktes und gehärtetes Asbestgewebe ($\mu \approx 0,2 - 0,4$).

Man kann Reibkupplungen mit fester und mit gefederter Andrückvorrichtung unterscheiden.

Für die erstere Art sind im Triebwerkbau typisch die Hillkupplung und die Isfortkupplung. Bei der Hillkupplung (Fig. 118) werden auf einem Stern sitzende Backen mit Holzfutter gegen einen gußeisernen Ring gepreßt. Der Stern sitzt auf der einen Welle und der Ring auf der anderen.

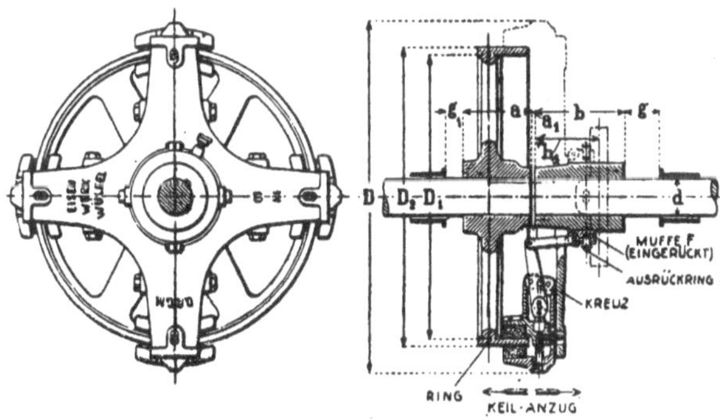

Fig. 118. Hillkupplung

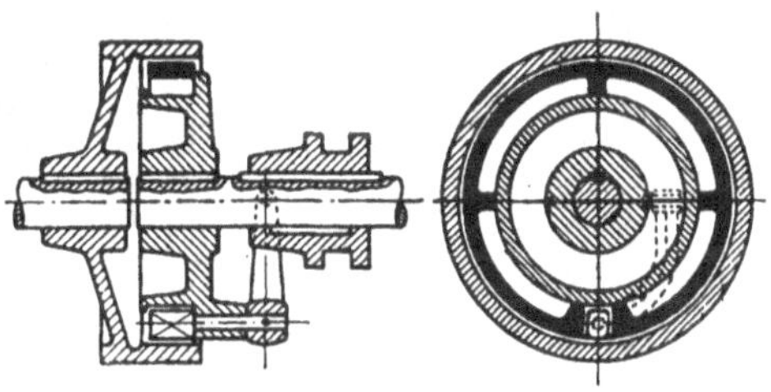

Fig. 119. Schlitzringkupplung

Bei der Isfortkupplung sitzen bewegliche Holzklötze in einer Scheibe auf der einen Welle und werden zwischen zwei Scheiben gepreßt, die auf der anderen Welle sitzen.

Bei Werkzeugmaschinen wird gern die Schlitzringkupplung (Fig. 119) verwendet, bei der ein auf der einen Kupplungshälfte sitzender, geschlitzter Ring durch einen Knebel gespreizt wird und sich dadurch nach außen gegen eine auf der anderen Welle sitzende Trommel legt.

Fig. 120. Spiralbandkupplung

Bei Walzwerken ist die Spiralbandkupplung (Fig. 120) üblich. Auf der einen Welle sitzt eine Nabe, an der ein Spiralband befestigt ist. Dieses ist um einen Hartgußzylinder gelegt, der auf der anderen Welle sitzt. Die letzte Windung des Bandes wird durch die

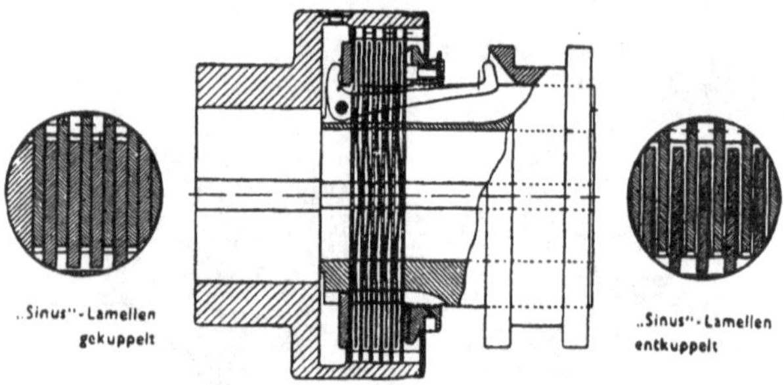

Fig. 121. Ortlinghaus-Sinus-Lamellen-Kupplung (aus Findeisen)

Bewegung der Muffe zusammengezogen. Dadurch legen sich die übrigen Windungen auch an und nehmen die Welle mit.

Vielfache Verwendung finden heute die Lamellen-Kupplungen. Eine Anzahl Lamellen sitzt abwechselnd, axial verschiebbar in der Nabe des einen und in der Hülse des anderen Kupplungsteils. Durch Gegeneinanderdrücken nehmen sie sich gegenseitig mit (Fig. 121). Die Lamellen sind eben oder, um sich beim Ausrücken besser voneinander zu lösen, gewellt.

Eine allseitig geschlossene Kupplung auch mit Andrückfeder ist die Vollringkupplung, bei der zwei Reibkörper mit Kegelflächen gegen Hohlkegelflächen des Gehäuses gedrückt werden. Die Reibkörper laufen im Ölbad. Eine ähnliche Ausführung zeigt die weitverbreitete Bennkupplung.

3. Das Stellzeug

Als Einrückorgan dient in der Regel eine Muffe mit Gleitring, die durch ein Stellzeug betätigt wird.

Bei Kraftwagen werden Kegel-, Scheiben- oder Lamellenkupplungen mit durch Feder geregeltem Anpreßdruck benutzt. Das Ausrücken geschieht gegen den Federdruck.

Für manche Zwecke, z. B. bei Hebezeugen, ist die Fernsteuerung der Kupplung erwünscht. Für diesen Fall sind elektromagnetische Kupplungen geeignet. Bei diesen ist die eine Hälfte als Elektromagnet ausgebildet, und eine an der anderen Hälfte befestigte, bewegliche Scheibe wird angezogen und legt sich gegen die Reibfläche.

4. Selbsttätige Kupplungen

Diese sollen entweder bei Überschreitung einer bestimmten Drehzahl oder als Folge einer Relativbewegung der beiden Wellen gegeneinander einrücken oder ausrücken oder sie dienen zur Begrenzung des übertragbaren Drehmomentes. Demgemäß werden sie als Fliehkraftkupplungen, Überholungskupplungen oder Überlastungskupplungen ausgebildet.

Bei Fliehkraftkupplungen werden Fliehgewichte durch Federn zusammengehalten und bewirken nach Überwindung der Federkraft durch die Fliehkraft das Einrücken der Kupplung (Fig. 122). In der dargestellten Kupplung besteht folgende Gleichgewichtsbedingung (Fig. 122a):

$$F \cdot b - P(a_1 + a_2) - Q \cdot c \pm Q \cdot \mu \cdot d = 0 .$$

Das Minuszeichen gilt für Rechtslauf und das Pluszeichen für Linkslauf. Die im Schwerpunkt des Fliehgewichts angreifende Fliehkraft ist mit r als Schwerpunktradius

$$F = \frac{m \cdot v^2}{r} ;$$

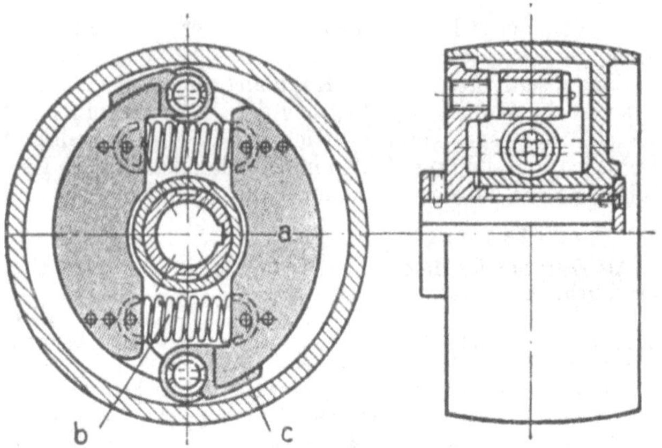

Fig. 122. Fliehkraftkupplung (Siemens-Schuckert)

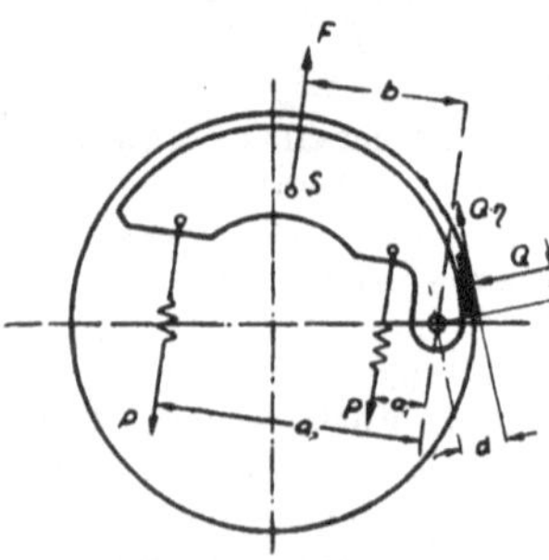

Fig. 122a

dann ist die Anpreßkraft

$$Q = \frac{F \cdot b - P(a_1 + a_2)}{c \pm \mu \cdot d}$$

und die Federkraft

$$P = \frac{F \cdot b - Q \cdot c \pm Q \cdot \mu \cdot d}{a_1 + a_2}.$$

Das übertragbare Drehmoment ist, da zwei Fliehgewichte vorhanden sind,

$$M_d = 2\,Q \cdot \mu \cdot R.$$

Soll durch die Fliehkraft das Ausrücken der Kupplung bewirkt werden, so müssen die Federn zum Andrücken eingerichtet sein und der Kupplungsdruck durch die Fliehkraft aufgehoben werden. In einem Sonderfall, der für das Umschalten von Drehstrommotoren mit Kurzschlußanker von Stern- auf Dreieckschaltung bestimmt ist, wird die Fliehkraftwirkung durch eine Sperrvorrichtung zunächst ausgeschaltet, die durch den beim Umschalten von Stern- auf Dreieckschaltung entstehenden Stoß ausgelöst wird.

Überholungskupplungen haben die Aufgabe, einen Ausgleich zu bewirken, wenn zwei Motoren auf dieselbe Welle arbeiten. Wird in diesem Falle die Hauptmaschine überlastet, so bleibt sie zurück, und es entsteht eine Relativbewegung gegenüber der Hilfsmaschine, durch die die Kupplung betätigt wird, die dann die letztere zur Leistung mit heranzieht.

Überlastungskupplungen werden bei angestrengten oder empfindlichen Betrieben angewendet, um Stöße und Überlastungen von den empfindlichen Teilen des Triebwerkes fernzuhalten (z. B. Drehwerk von Kranen). Sie werden durchweg als Rutschkupplungen ausgebildet.

Eine Anlauf- und Überlastungskupplung, die praktisch leer anläuft und deshalb für Kurzschlußmotoren besonders geeignet ist, ist die Pulvis-Kupplung. Sie beruht auf dem Fliehkraftprinzip und erfordert eine Mindestdrehzahl von $n =$ 500 U/min, um günstige Abmessungen zu bekommen. Auf dem einen Wellenende sitzt ein Gehäuse mit Längsrillen an der Innenwand und mit zwei Deckeln und auf dem anderen ein Flügelrad mit zwei Flügeln, das den als Verbindungsglied wirkenden, kalibrierten und graphitierten Stahlsand von rd. 1 mm ∅ gegen die Gehäusewand schleudert. Dort setzt er sich in die Rillen des Mantels und bildet zwei Stauwellen und bewirkt dadurch eine allmähliche Mitnahme des Mantels, die erst bei einer bestimmten Drehzahl wirksam wird. Bei Überlastung können die Stauwellen das Gehäuse nicht mitnehmen, und dieses läuft langsamer oder bleibt stehen, bis die Überlastung aufhört. Fig. 123 zeigt die Wirkungsweise.

Fig. 123. Pulvis-Kupplung, in Ruhe, im Betrieb und bei Überlastung (aus Findeisen)

D. Die Elemente zur Übertragung der Energie von einer Welle auf eine andere

I. Zahntriebe

a) Allgemeines

Zur Übertragung einer Drehbewegung von einer Welle auf eine andere werden bei geringem Achsenabstand Zahnräder verwendet. Dabei unterscheidet man je nach der Lage der Wellen zueinander vier Arten von Zahntrieben:

1. Die Wellen liegen parallel – Stirnräder (Fig. 124).
2. Die Wellen schneiden sich – Kegelräder (Fig. 125).
3. Die Wellen kreuzen sich – Schraubenräder (Fig. 126) bzw. Schnecke und Schneckenrad (Fig. 127).

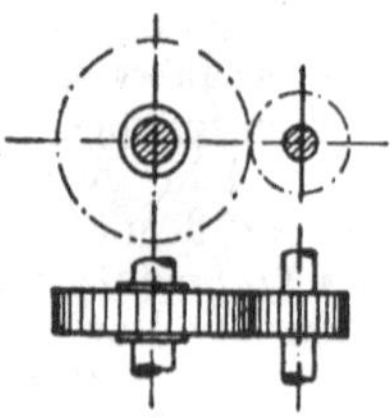

Fig. 124. Stirnräder

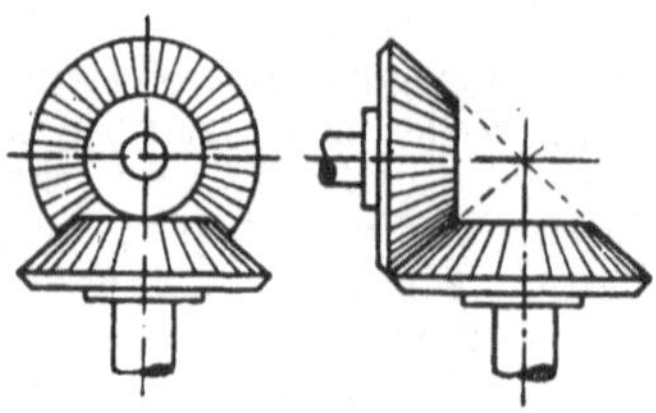

Fig. 125. Kegelräder

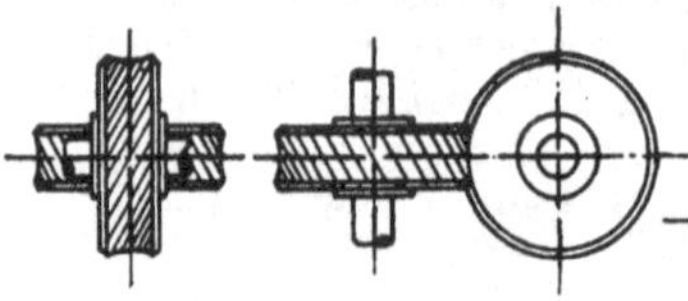

Fig. 126. Schraubenräder

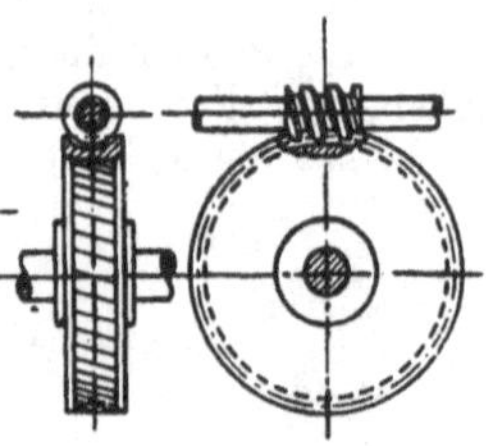

Fig. 127. Schneckentrieb

Fig. 124 und 127 zeigen die vier Arten in schematischer Darstellung.

Bei Stirn- und Kegelrädern kann das größere Rad auch mit Innenverzahnung ausgeführt werden. Bei den ersteren haben dann die beiden Wellen den gleichen Drehsinn. Den Grenzfall zwischen Außen- und Innengetriebe bei Stirnrädern bildet die Zahnstange.

Eine Sonderform ist die Triebstockverzahnung, bei der die Zähne des einen Rades zylindrische Bolzen sind. Eine Abart derselben ist das Grissongetriebe.

Die Zahnräder tragen an ihrem Umfang in regelmäßigen Abständen Zähne, die ineinandergreifen und sich gegenseitig mitnehmen. Dadurch wird das an der einen Welle wirkende Drehmoment auf die andere übertragen. Gleichzeitig dienen die Zahnräder dazu, der angetriebenen Welle die gewünschte Drehzahl zu erteilen. Dies erfordert gegebenenfalls eine Übersetzung derselben. Daraus ergeben sich die folgenden Beziehungen:

Ist n_1 die Drehzahl der treibenden und n_2 die der getriebenen Welle, so ist $i = n_1 : n_2$ das Übersetzungsverhältnis. Entsprechend ist $i = \omega_1 : \omega_2$ das Übersetzungsverhältnis der Winkelgeschwindigkeiten.

Sind r und R die Radien der Wälzkreise der Räder, M_{d1} und M_{d2} die Drehmomente und ist U die am Umfang wirkende Kraft und v die Umfangsgeschwindigkeit, so gilt

$$M_{d_1} = U \cdot r \qquad M_{d_2} = U \cdot R$$

$$U = \frac{M_{d_1}}{r} = \frac{M_{d_2}}{R},$$

also

$$\frac{M_{d_1}}{M_{d_2}} = \frac{r}{R}.$$

Die Umfangsgeschwindigkeit ist

$$v = 2\pi r n_1 = 2\pi R n_2 = r\omega_1 = R\omega_2.$$

Demnach

$$r n_1 = R n_2; \quad r\omega_1 = R\omega_2,$$

also

$$\frac{n_1}{n_2} = \frac{R}{r} = \frac{\omega_1}{\omega_2},$$

d. h. die Drehmomente verhalten sich wie die Radien und die Drehzahlen umgekehrt wie die Radien. Diese Radien werden auf dem Wälzkreis oder Teilkreis gemessen, das ist der Kreis, auf dem man sich bei normaler Verzahnung die Teilung abgetragen denken kann (Figur 128). Die Wälzkreise der beiden Räder berühren sich in der Zentrale. Dieser Punkt heißt der Wälzpunkt.

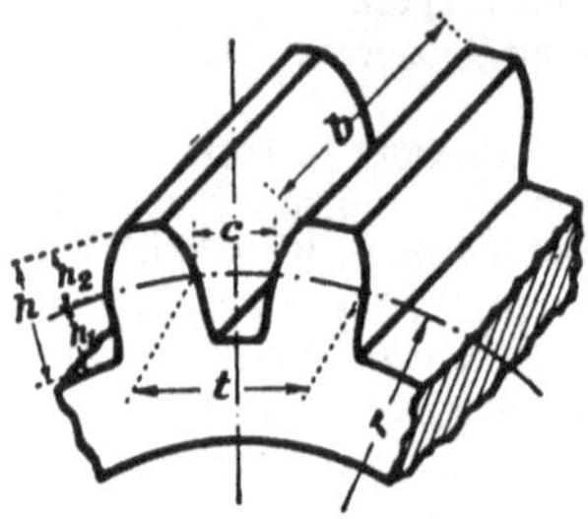

Fig. 128

Ist z die Zähnezahl, t die Zahnteilung und r der Radius des Teilkreises, so besteht die Beziehung

$$2r\pi = z \cdot t.$$

Die Teilung ist also

$$t = \frac{2r}{z} \cdot \pi = m \cdot \pi.$$

Sind z_1 und z_2 die Zähnezahlen der beiden Räder, so ist wieder

$$\frac{z_1}{z_2} = i.$$

Den Wert $m = 2r/z = t/\pi$ nennt man den Modul, von dem alle übrigen Abmessungen abhängig gemacht werden. m wird immer als ganze Zahl genommen und ist stets in *mm* anzugeben. In DIN 780 ist eine Modulreihe für die zu wählenden Moduln festgelegt.

Die Teilung zerfällt in zwei Teile, in die Zahnstärke s und die Zahnlücke c, und zwar macht man gewöhnlich

$$s = 1{,}49\,m \qquad c = 1{,}65\,m.$$

Die Zahnlücke wird also etwas größer gemacht. Die Zahnhöhe h zerfällt in die Zahnfußhöhe h_1 und die Zahnkopfhöhe h_2. Bei normalen Rädern wird

$$h = h_1 + h_2 = 2{,}16 \text{ bis } 2{,}2\,m \approx 0{,}7\,t$$
$$h_1 = 1{,}16 \text{ bis } 1{,}2\,m \approx 0{,}4\,t$$
$$h_2 = m \approx 0{,}3\,t.$$

Es kommen jedoch auch Fälle vor, in denen man von diesen Normalabmessungen abweichen muß, damit die Eingriffsverhältnisse gewahrt bleiben.

b) Die Verzahnungsgesetze

1. Allgemeines

Die Räder sollen sich so drehen, als wenn zwei Räder vom Umfang der Teilkreise aufeinander abrollten. Die Verzahnung muß also so eingerichtet sein, daß die Zähne so ineinandergreifen, daß eine gleichmäßige Bewegung zustande kommt. Tritt ein Zahn des einen Rades in ein anderes Rad ein, so berührt er einen Zahn desselben. Diese Berührung schreitet fort, bis der Zahn wieder aus dem Bereich des anderen Rades austritt. Die Linie, auf der die Berührung erfolgt, heißt die Eingriffslinie. Sie kann eine beliebige Form haben. Bei den ausgeführten Verzahnungen ist sie entweder ein Kreis (Zykloidenverzahnung) oder eine Gerade (Evolventenverzahnung). Die Flankenform der Zähne muß nun so sein, daß die fortlaufende Berührung gewahrt bleibt und keine Störungen im Eingriff auftreten. Die Kreisform der Räder bedingt, daß die Flankenform einer vom Kreis abgeleiteten (zyklischen) Kurve entspricht. Zyklische Kurven sind die Zykloiden und die Kreisevolvente. Eine Zykloide ist eine Kurve, auf der sich ein Punkt eines Kreises bewegt, der sich abrollt. Bei der gemeinen Zykloide rollt er auf einer Geraden, bei der Epizykloide außen (Aufradlinie) und bei der Hypozykloide innen (Inradlinie) auf einem Kreise ab. Die Kreisevolvente ist die Kurve, die ein Punkt einer Geraden beschreibt, die sich auf einem Kreise abwälzt.

Je nach der Wahl der Kurvenform unterscheidet man Zykloiden- und Evolventenverzahnung.

2. Die Zykloidenverzahnung

Legt man eine kreisförmige Eingriffslinie zugrunde, so nehmen die Zahnflanken die Form von Zykloiden an, die durch Abrollen des Eingriffskreises, hier auch Rollkreis genannt, auf und in den Teilkreisen entstehen. Die Konstruktion geschieht folgendermaßen (Fig. 129):

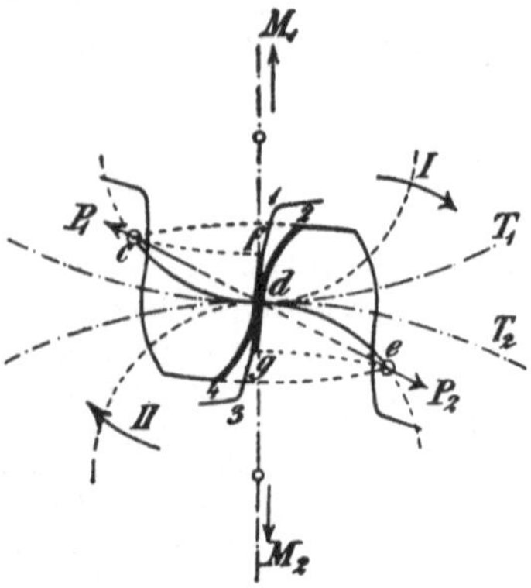

Fig. 129. Zykloidenverzahnung

Rollt der Rollkreis I im Sinne des Pfeils einmal in dem Teilkreis T_1 ab, so beschreibt der Punkt d die Fußzahnflanke 1 des Rades M_1 in Form einer Hypozykloide, das andere Mal auf dem Teilkreis T_2, so beschreibt der Punkt d die Kopfzahnflanke 2 des Rades M_2 als Epizykloide. Rollt sodann der Rollkreis II im Sinne des Pfeils auf dem Teilkreis T_1 und in dem Teilkreis T_2 ab, so entstehen die Kopfzahnflanke 4 des Rades M_1 und die Fußzahnflanke 3 des Rades M_2. Die Linie cde auf den Rollkreisen ist die Eingriffslinie.

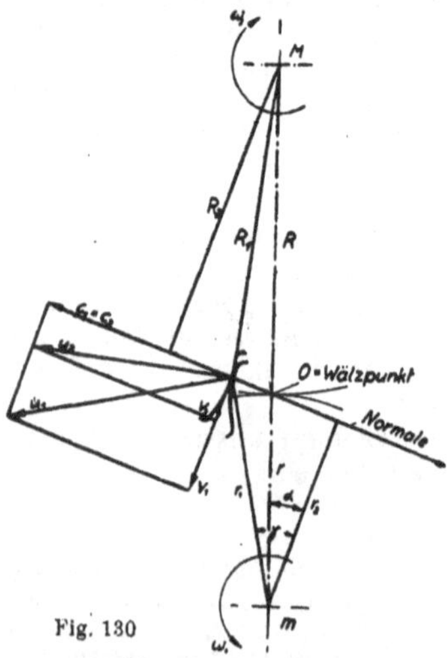

Fig. 130

Die Flanken sind also aus je einer Epizykloide und einer Hypozykloide zusammengesetzt derart, daß die Epizykloide des Zahnkopfes des einen Zahns mit der Hypozykloide des Zahnfußes des Gegenzahns zusammenarbeitet. Im Wälzpunkt treffen sich die Schnittpunkte der Kurven. Bei einer Veränderung des Achsabstandes der beiden Räder würde dieses nicht mehr zutreffen. Die Zykloidenverzahnung ist deshalb gegen Ungenauigkeiten des Einbaues sehr empfindlich. Sie tritt heutzutage gegenüber der Evolventenverzahnung ganz zurück. Sie kommt nur noch bei Uhrwerksrädern vor.

3. Das allgemeine Verzahnungsgesetz

Die Drehbewegung werde von der Welle m (Fig. 130) über die Zahnräder auf die Welle M übertragen. Dann muß das Verhältnis der Winkelgeschwindigkeiten ω_1/ω_2 konstant sein. Der Berührungspunkt A des treibenden Rades hat eine Geschwindigkeit u_1 senkrecht zum Radius r_1 und der entsprechende Punkt des getriebenen Rades eine Geschwindigkeit u_2 senkrecht auf den Radius R_1. Diese Geschwindigkeiten lassen sich in je zwei Komponenten c_1, v_1 und c_2, v_2 zerlegen. Die Komponenten c_1 und c_2 liegen in Richtung der Eingriffslinie (Normale) und müssen nach Richtung und Größe gleich sein, damit die Zähne dauernd im Eingriff bleiben. Die Komponenten v_1 und v_2 geben die Geschwindigkeit der Berührungspunkte tangential zur Zahnflanke an. Sie ändern sich während des Durchgangs der Zähne nach Größe und Richtung. Der Unterschied $v_1 - v_2$ gibt die Geschwindigkeit an, mit der die Zahnflanken aufeinander gleiten. Nach Fig.130 ist

$$\cos\gamma = \frac{c_1}{u_1} = \frac{r_2}{r_1} \text{ und } \cos\beta = \frac{c_2}{u_2} = \frac{R_2}{R_1}$$

bzw.

$$c_1 = u_1 \cdot \frac{r_2}{r_1} = \omega_1 \cdot r_2$$

$$c_2 = u_2 \cdot \frac{R_2}{R_1} = \omega_2 \cdot R_2 \,.$$

Da $c_1 = c_2$ ist, muß sein

$$\omega_1 \cdot r_2 = \omega_2 \cdot R_2$$

$$\frac{\omega_1}{\omega_2} = \frac{R_2}{r_2} = \frac{R}{r} \,.$$

Dies gilt für jeden beliebigen Berührungspunkt A der beiden Zahnräder. Da ω_1/ω_2 konstant ist, muß auch R_2/r_2 konstant sein, d.h. die Normale auf die Zahnflanken im Berührungspunkt A muß stets durch den Zentralpunkt 0, den „Wälzpunkt" gehen. Dies ist das allgemeine Verzahnungsgesetz. Die Kreise durch 0 um die Mittelpunkte m und M sind also unveränderlich. Sie heißen „Wälzkreise".

4. Die Evolventenverzahnung

Für die Form der Evolventen ist der Winkel maßgebend, mit dem die die Kurve erzeugende Gerade $N - N$ gegen das

Lot auf die Zentrale im Wälzpunkt geneigt ist, der Eingriffswinkel genannt wird (Winkel α in Fig. 131).

Den gleichen Winkel bilden die Lote auf die Normale durch die Kreismittelpunkte. Bei einem Rad, das mit einer Zahnstange kämmt, ist der Eingriffswinkel der Winkel zwischen der Eingriffslinie und der Bewegungsrichtung der Zahnstange. Legt man die Erzeugende unter diesem Winkel durch den Wälzpunkt, so erhält man sie als Tangente an die Grundkreise G_1 und G_2 mit den Radien $r_2 = r \cos\alpha$ bzw. $R_2 = R \cdot \cos\alpha$. In dieser ihrer Mittelstellung bildet die Erzeugende die Eingriffslinie. Die Länge der Tangente begrenzt die taugliche Eingriffsstrecke. Abrollen der Tangente auf den Grundkreisen erzeugt die Flanken der zusammenarbeitenden Zähne (Figur 131). Der untere Teil des Zahnlückenprofils wird so einkonstruiert, daß ein möglichst starker Zahnfuß mit guten Abrundungen entsteht. Wird der Radius des einen Teilkreises unendlich groß, so erhält man eine Zahnstange. Deren Zahnflanken sind geradlinig und stehen senkrecht auf der Eingriffslinie. Der Eingriff beginnt in dem Augenblick, in dem die Spitze des getriebenen Zahnes in den Bereich der Erzeugenden tritt (Punkt Q), und endigt, sobald die Spitze des treibenden Zahnes die Erzeugende schneidet (Punkt P). Ausgenutzt wird also von der tauglichen Eingriffsstrecke nur das Stück PQ, die sogenannte Eingriffslänge. Jeder Zahn muß so lange im Eingriff bleiben, bis der nächste Zahn in den Eingriff eingetreten ist. Je nach Ausführung und Stellung der Räder können ein, zwei oder drei Zähne im Eingriff sein. Auf den Grundkreisen und der Eingriffsgeraden läßt sich ebenfalls eine Teilung auftragen, die Eingriffsteilung $t_e = t \cdot \cos\alpha$.

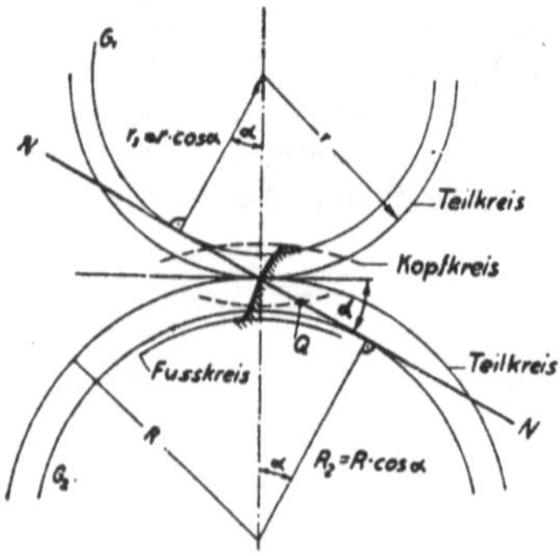

Fig. 131. Evolventenverzahnung

Diese muß kleiner sein als die Eingriffslänge. Die Zahl der gleichzeitig im Eingriff befindlichen Zähne ergibt sich dann aus dem Verhältnis der Eingriffslänge zur Eingriffsteilung und wird Überdeckungsgrad (ε) genannt.

$$\varepsilon = \frac{E - \text{Länge}}{E - \text{Teilung}} > 1 .$$

Aus dem Vorgang ergibt sich, daß sich der Evolventenzahntrieb so verhält, wie ein Bandtrieb mit den Grundkreisen als Räder und der Eingriffslinie als Band, das vom treibenden Rad ab und auf das getriebene Rad aufläuft (Fig. 132).

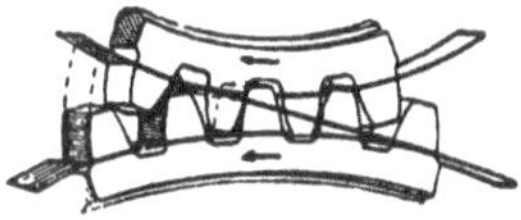

Fig. 132

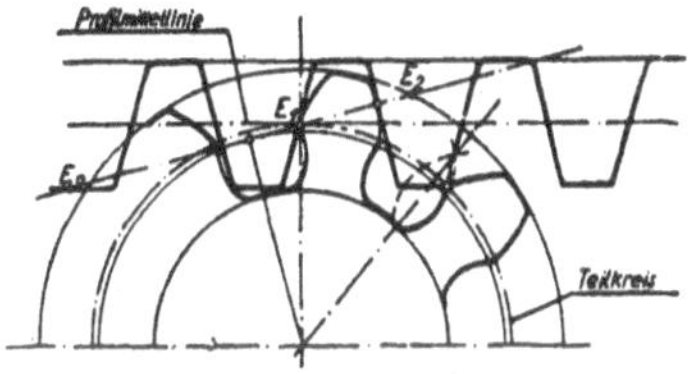

Fig. 133. Unterschneidung

Wenn die Kopfkreise die Eingriffslinie außerhalb der tauglichen Eingriffsstrecke schneiden, so tritt Unterschneidung auf, die zu einer Schwächung des Zahnfußes führt (Fig. 133). Durch diesen Umstand ist die Zähnezahl nach unten begrenzt. Räder, bei denen die Unterschneidung gerade noch vermieden wird, heißen Grenzräder. Die Grenzzähnezahl Z_g ist vom Eingriffswinkel, der Kopfhöhe, der Übersetzung und der Herstellung abhängig. Ist die Kopfhöhe $h_2 = m$ und die Übersetzung $i = 1$, so gilt bei Herstellung mit einem Zahnstangenwerkzeug (Kammstahl oder Abwälzfräser)

$$Z_g = \frac{2}{\sin^2 \alpha} .$$

Die praktische Zähnezahl liegt tiefer. Sie ist $Z_g' \approx \frac{5}{6} Z_g$. Die geringe Unterschneidung wird dabei in Kauf genommen.

Tafel 8

$\alpha =$	15	16,5	18	20	30 Grad
$Z_g =$	30	23	21	17	7
$Z'_g =$	25	19	18	14	6

Bei der Herstellung mit dem Stoßrad, dessen Zähnezahl bis $Z_s = 10$ herabgeht, wird

$$Z_{gs} = \sqrt{Z_s^2 + \frac{4}{\sin^2\alpha}(Z_s + 1)} - Z_s .$$

Für $h_2 = m$ und $\alpha = 20^0$ wird dann z. B.

Tafel 9

$Z_s =$	16	26	45	101
$Z_{gs} =$	13	14	15	16

Die Unterschneidung kann durch Vergrößerung des Eingriffswinkels und durch Verschiebung des Profils nach außen vermieden werden. Übliche Eingriffswinkel sind 15^0 und 20^0, wovon der letztere in die Normen aufgenommen worden ist.

Die Profilverschiebung ist durch das Spitzwerden der Zähne begrenzt. Räder mit Profilverschiebung heißen *V*-Räder und ohne eine solche Null-Räder. Ein *V*-Rad mit einem *V*-Rad oder einem Nullrad gibt ein *V*-Getriebe. Nullräder geben ein Nullgetriebe. Die Profilverschiebung bedingt eine Änderung des Achsabstands der Räder. Wird aber beim Gegenrad zu einem *V*-Rad das Profil um das gleiche Stück wie bei diesem entgegengesetzt, also nach innen verschoben, so lassen sich beide Räder wieder mit dem gleichen Achsabstand wie die ursprünglichen Räder zusammensetzen. Ein solches Getriebe heißt *V*-Nullgetriebe. In diesem Fall kommt der Umstand zur Geltung, daß die Evolventenverzahnung gegen eine Änderung des Achsabstandes unempfindlich ist. Bei einem anderen Achsabstand kommen, wie aus Fig. 134 hervorgeht, nur andere Teile der Evolvente zum Eingriff, der im übrigen gewahrt bleibt. Besondere Schwierigkeiten haben von jeher die Fälle bereitet, in denen, wie z. B. im Schaltkasten einer Werkzeugmaschine, ein Rad mit mehreren Rädern mit verschiedenen

Zähnezahlen zusammenarbeiten muß. Dies erfordert die Ausbildung einer Satzverzahnung. Als Beispiele seien die Satzverzahnungen von Willis und Hoppe erwähnt. Eine gewisse Möglichkeit zur Erzeugung von Satzrädern ergibt sich noch daraus, daß zwei Räder, die mit einer Zahnstange kämmen, auch miteinander kämmen. Werden also Räder mit verschiedenen Zähnezahlen mit dem gleichen Bezugsprofil der zugehörigen Zahnstange hergestellt, so lassen sie sich als Satzräder verwenden.

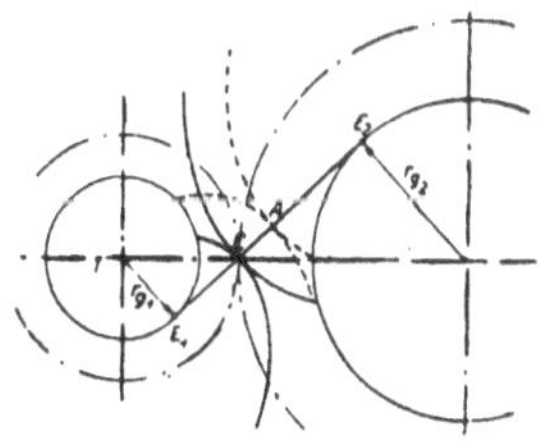

Fig. 134

In DIN 867 ist eine normale Zahnform für Evolventenverzahnung festgelegt worden.

In DIN 868 sind Vorschläge für Begriffe, Bezeichnungen und Kurzzeichen vorgeschlagen und in DIN 780 die Modulreihe sowie in DIN 781 Zähnezahlen für Wechselräder festgelegt. DIN 782 ist ein Konstruktionsblatt für Wechselräder.

DIN 869, Bl. 1 und 2, geben Richtlinien für die Bestellung von Stirnrädern.

c) Die Herstellung der Zahnräder

1. Gegossene Räder

Kleine Räder werden mit ganzen Modellen, bei größerer Stückzahl auf der Durchziehformmaschine hergestellt.

Große Räder werden mit Zahnsegment oder Einzelzahnform auf der Zahnradformmaschine eingeformt.

2. Geschnittene Räder werden gehobelt oder gefräst bzw. geschliffen

α) Formfräsverfahren (Teilverfahren)

Die Zahnlücke wird mit einem Scheibenfräser oder Fingerfräser geschnitten, der ihrer Form entspricht. Statt der Profilabrückung zur Herstellung der korrigierten Verzahnung ist eine Änderung der Fräserform erforderlich. Zur Einstellung der Teilung dient eine Teilvorrichtung.

β) Abwälzverfahren

1. Hobeln mit dem Kammstahl, der das Bezugsprofil der Zahnstange aufweist (Maagmaschine). Es findet also ein Abwälzen der Zahnstange auf dem Rad statt. (Teilverfahren.)

2. An Stelle des Kammstahls kann auch ein Schneckenfräser genommen werden, der dann um den Steigungswinkel gedreht werden muß, damit die Zähne gerade werden. (Durchlaufverfahren.)

Mit diesen beiden Vorrichtungen kann nur Außenverzahnung hergestellt werden.

3. Hobeln mit dem Stoßrad nach Fellows. Hiermit kann auch Innenverzahnung erzeugt werden. (Teilverfahren.)

γ) Durch Einsatzhärtung oder Nitrierhärtung kann die Oberfläche der Zähne gehärtet werden. Bei ersterer verziehen sich die Räder und müssen dann geschliffen werden.

Das Schleifen geschieht nach dem Formschleifverfahren mit Formschleifscheibe entsprechend dem Formfräsverfahren oder mit ebener Schleifscheibe bzw. Topfscheibe nach dem Abwälzverfahren.

δ) Verbesserung der Oberfläche durch Läppen der Räder durch Einlaufenlassen mit Schmirgel- und Schmiermittelzugaben bei gleichzeitiger Verschiebung oder durch Glätten der Räder durch Einlaufenlassen mit einem Musterrad.

d) Die Berechnung der Zähne

Auf den Zahn wirkt im jeweiligen Berührungspunkt mit konstanter Größe die Kraft P_z in Richtung der Eingriffslinie (Fig. 135). Dabei wird angenommen, daß die Zähne auf ihrer ganzen Breite gleichmäßig tragen. Diese Kraft denkt man sich im Schnittpunkt mit der Mittellinie des Zahnes angreifend und legt durch diesen Punkt einen Körper gleicher Biegefestigkeit, der die Zahnflanken dann im gefährlichen Querschnitt berührt. Ist die im Teilkreis wirkende Umfangskraft $P_u = \frac{M_d}{r}$ bekannt, so ist $P_Z = P_u \cdot \frac{1}{\cos\alpha}$. Ihr entspricht in der Umfangsrichtung die Kraft

$$P_b = P_Z \cdot \sin\beta = P_u \frac{\sin\beta}{\cos\alpha},$$

die den Zahn auf Biegung beansprucht. Sie nimmt bei der Wanderung nach der Zahnspitze zu ab, das mit ihr erzeugte Biegungsmoment dagegen nimmt zu.

$$M_b = P_b \cdot l = P_u \cdot l \frac{\sin\beta}{\cos\alpha}.$$

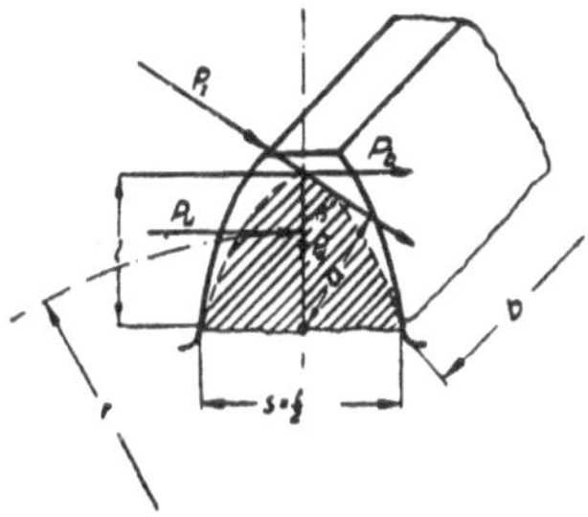

Fig. 135
Berechnung der Zähne auf Biegung

Ist nur ein Zahn im Eingriff, so hat dieser die ganze Umfangskraft aufzunehmen, sind zwei Zähne im Eingriff, so haben sie nur die Hälfte zu tragen. Die Zahl der eingreifenden Zähne ist vom Überdeckungsgrad ε abhängig. Es ist

$\varepsilon = 1$ immer nur 1 Zahn im Eingriff,
$\varepsilon = 1{,}5$ teils 1, teils 2 Zähne im Eingriff,
$\varepsilon = 2$ immer 2 Zähne im Eingriff,
$\varepsilon = 2{,}5$ teils 2, teils 3 Zähne im Eingriff.

Es entsteht also eine schwellende Biegungsbeanspruchung. Radial wirkt als Druckkraft die Komponente

$$P_d = P_Z \cdot \cos\beta = P_u \frac{\cos\beta}{\cos\alpha}.$$

Ist $b \cdot s$ die Fläche des gefährlichen Querschnitts und $W = \frac{b \cdot s^2}{6}$ sein Widerstandsmoment, so ist die Spannung

$$\sigma = \frac{M_b}{W} + \frac{P_d}{b \cdot s} = \frac{6 P_u \cdot l \cdot \sin\beta}{b \cdot s^2 \cdot \cos\alpha} + \frac{P_u \cdot \cos\beta}{b \cdot s \cdot \cos\alpha}.$$

In dieser Formel kommt der Modul nicht vor. Er wird deshalb besonders eingesetzt

$$\sigma = \frac{P_u}{m \cdot b}\left(\frac{6\, m \sin\beta}{s^2 \cdot \cos\alpha} + \frac{m \cdot \cos\beta}{s \cdot \cos\alpha}\right) = \frac{P_u}{m \cdot b} \cdot q.$$

Mit $b = \psi \cdot t = \psi \cdot m \cdot \pi$ wird

$$m = \sqrt{\frac{P_u \cdot q}{\psi \cdot \pi \cdot \sigma_{zul}}}.$$

σ_{zul} ist dem Werkstoff und den Verhältnissen entsprechend anzunehmen. q kann für unterschnittfreie normgemäße Nullräder mit $\alpha = 20^0$ aus Zahlentafeln entnommen werden.

Diese aus dem Kranbau stammende Berechnung*) ist geeignet für Räder, die langsam laufen oder im aussetzenden Betrieb arbeiten, deren Zähne also vorwiegend auf Biegung beansprucht werden.

Die Biegungsspannungen pflegen in erträglichen Grenzen zu bleiben. Dagegen werden die meisten Zahnräder durch Abnutzung zerstört. Insbesondere im Dauerbetrieb schnelllaufende Räder müssen darauf geprüft werden.

Durch die Reibungsarbeit der aufeinander gleitenden Zahnflanken entsteht Wärme, zu der die in den Lagern erzeugte Wärme hinzukommt. Die Temperatur im Getriebe soll 70° nicht überschreiten. Für diesen Fall hat Hofer (Zahnradfabrik Friedrichshafen**) eine Erfahrungsformel aufgestellt.

Die Abnutzung ist abhängig von der verhältnismäßigen Beanspruchung der Zähne, d. h. von dem Verhältnis der Gleitwege auf den Flanken. Langer Gleitweg des einen Zahnes auf kurzem Gleitweg des anderen Zahnes führt zu verstärktem Verschleiß auf dem letzteren.

Sind v_1 und v_2 die Geschwindigkeiten der Zahnflanken, so ist die Gleitgeschwindigkeit

$$v_g = v_1 - v_2.$$

Ihr Verhältnis zu den Flankengeschwindigkeiten, spezifisches Gleiten genannt,

$$\gamma_1 = \frac{v_g}{v_1}; \quad \gamma_2 = \frac{v_g}{v_2}$$

über den Flanken aufgetragen, ergibt die Abnutzungscharakteristik. Sie ist abhängig von der Zahnform und da-

*) **Wißmann**, Diss. Technische Hochschule Berlin 1930.
) **Hofer, Werkstattstechnik 1931, S. 128.

mit vom Eingriffswinkel und den Zahnkorrekturen (Profilverschiebung).

Die größere Beanspruchung erfährt immer das Ritzel, dessen Zähne öfter durchlaufen als die des großen Rades.

Von größter Bedeutung ist für den Dauerbetrieb die Berechnung der Zahnflankenpressung. Durch den Zahndruck P_Z erfahren die Zahnflanken wie zwei Zylinder an der Druckstelle eine Abflachung (Fig. 136 und 137), in deren Mitte die

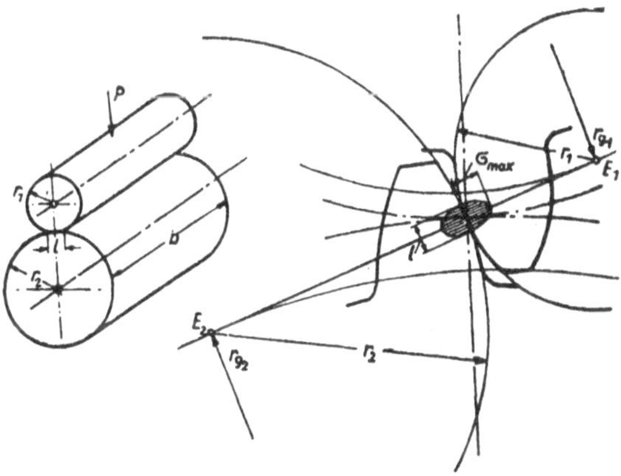

Fig. 136 u. 137. Berechnung der Zähne auf Flächenpressung

größte Druckspannung σ_{max} auftritt. Nach Hertz ist diese

$$\sigma_{max} = 0{,}418 \sqrt{\frac{P_Z \cdot E}{b \cdot \varrho}} .$$

Darin ist

$$\frac{1}{E} = \frac{1}{2}\left(\frac{1}{E_1} + \frac{1}{E_2}\right) .$$

ϱ ist der mittlere Zylinderradius. Er ergibt sich aus

$$\frac{1}{\varrho} = \frac{1}{\varrho_1} + \frac{1}{\varrho_2} ,$$

wobei ϱ_1 und ϱ_2 gemäß Fig. 137 (dort mit r_1 und r_2 bezeichnet) die Abschnitte auf der Eingriffsstrecke sind. Befindet sich der Berührungspunkt der Flanken im Wälzpunkt 0, so wird nach Fig. 130

$$\varrho_1 = r \cdot \sin\alpha \quad \text{und} \quad \varrho_2 = R \cdot \sin\alpha.$$

Mit

$$r = \frac{Z_1 \cdot t}{2\pi} = \frac{Z_1 \cdot m}{2} \quad \text{und} \quad R = \frac{Z_2 \cdot t}{2\pi} = \frac{Z_2 \cdot m}{2}$$

wird dann

$$\frac{1}{\varrho} = \frac{2}{m \cdot \sin\alpha}\left(\frac{1}{Z_1} + \frac{1}{Z_2}\right).$$

Der errechnete Wert für σ_{max} muß unter der Quetschgrenze σ_s des verwendeten Werkstoffs liegen. Man setzt $\sigma_{zul} \approx 0{,}7\,\sigma_s$.

e) Fehler und ihre Wirkungen

Bei korrekter Verzahnung ergibt sich nur schwellende Biegebelastung. Durch unvermeidliche Fehler bei der Herstellung und beim Zusammenbau entstehen jedoch Fehler im Eingriff, die zusätzliche dynamische Belastungen verursachen.

Es treten folgende Fehler auf:

1. Exzentrizität des Rades (Schlag),
2. Grundkreisfehler durch falschen Halbmesser der Grundkreise oder exzentrische Lage derselben,
3. Verzahnungsfehler,
   a) Teilungsfehler, b) Profilfehler,
4. Zahndurchbiegung.

f) Schrägverzahnung

Die Zähne sind schräg auf den Kranz gesetzt. Der Schrägungswinkel β ist der Winkel, den die Zahnflanke mit der Stirnkante des Rades bildet. Er liegt etwa in den Grenzen zwischen 45° und 85°. Dadurch entsteht ein sanfter, langandauernder Eingriff. Es bildet sich ein Eingriffsfeld aus, und die Räder laufen geräuschloser als andere. Ihres weichen Eingriffs wegen sind sie für hohe Drehzahlen und stoßweisen Betrieb besonders geeignet (Turbinengetriebe, Walzwerksantriebe). Sie haben sich u. a. auch bei elektrischen Getriebefördermaschinen bewährt, wo sie mit Übersetzungen von 8 : 1 bis 10 : 1 mit $\beta = 55°$ bis 70° Zahnschräge ausgeführt werden. Durch den schräg gerichteten Zahndruck entsteht eine Axialkraft, die vom Lager aufgenommen werden muß. Sie wird aufgehoben, wenn zwei Räder mit entgegengesetzter Schrägverzahnung auf der gleichen Welle sitzen oder die Zähne pfeilförmig oder zickzackförmig auf den Kranz gesetzt werden (Pfeilräder). Die Beanspruchung der Zähne ist günstiger als bei Geradverzahnung. Für normale Pfeilräder mit Zahnschrägen $\beta = 50^0$ bis 70^0 beträgt die Walzenpressung nur $0{,}7\,\sigma_{\max}$ des Werts bei geraden Zähnen.

Die Unterschneidungsgefahr wird vermindert. Ist Z_g die Grenzzähnezahl für Geradzähne, so gilt für Schrägzähne

$$Z'_g = Z_g \cdot \sin^3\beta .$$

Für $\alpha = 20^0$ und $\beta = 60^0$ wird $Z'_g = 10$.

g) Kegelräder

Hierbei stellen die Räder zwei aufeinander abrollende, abgestumpfte Kegel mit gemeinsamer Spitze dar. Die Zähne erhalten eine verjüngte Form. Berechnet wird die mittlere Teilung, von der man auch bei der Konstruktion auszugehen hat. Sinngemäß gilt das gleiche wie für Stirnräder. Der Axialdruck ist zu beachten.

Kegelräder können auch mit schrägen Zähnen bzw. mit Kurvenzähnen ausgeführt werden.

Entsprechend dem Verlauf der Flankenlinien unterscheidet man Tangentenzähne (einfache Schrägverzahnung), Kreisbogenzähne, Evolventenzähne (Palloidverzahnung), Spiralzähne, Hypozykloidenzähne (eine Art Pfeilverzahnung).

h) Schraubgetriebe

Dies sind Rädergetriebe für sich kreuzende Achsen.

A. Schraubenwälzgetriebe

1. Hyperboloidräder

   Diese sind zu schwierig herzustellen und werden daher nicht verwendet.

2. Schraubenräder

   a) Schraubenstirnräder

   Dazu werden Stirnräder mit Schraubenzähnen verwendet, wobei der Schraubenverlauf in beiden Rädern gleichsinnig, also entweder rechts- oder linksgängig, ist. Sie haben eine verminderte Eingriffsfähigkeit. Die größte Übersetzung ist 1 : 4. Darüber hinaus wird besser der Schneckentrieb genommen.

Sind β_1 und β_2 die Flankenwinkel, so ist die Übersetzung

$$\frac{Z_1}{Z_2} = \frac{\omega_2}{\omega_1} = \frac{r_1 \cdot \sin\beta_1}{r_2 \cdot \sin\beta_2}.$$

Die Wahl der Unterteilungen r_1 und r_2 bzw. β_2 und β_1 steht frei. Die Grenzen für β sind 30° bis 60° wegen des Wirkungsgrads.

b) Schraubenkegelräder (Geschränkte Schraubgetriebe)

Die Spitzen der Kegel fallen nicht zusammen. Man findet diese Räder an Differentialgetrieben von Kraftwagen (Hypoidräder).

Bei ihnen tritt keine Linienberührung mehr auf, sondern der Eingriff beschränkt sich auf einen Punkt.

B. Reine Schraubgetriebe (Schneckengetriebe)

Das meist gebräuchliche zylindrische Schneckengetriebe hat im Längsschnitt durch die Schnecke das Profil einer Zahnstange mit geraden Flanken. Im Stirnprofil der Schnecke haben die Flanken die Form einer archimedischen Spirale. Das Schneckenrad bekommt Evolventenverzahnung. Das Profil im Längsschnitt kann auch mit gewölbten Flanken (z. B. Evolventen) ausgeführt werden. Diese Schnecken werden in Deutschland meist als Globoidschnecken ausgeführt.

Bei einer neuen Konstruktion von Prof. Niemann (Flender-Cavex-Getriebe) wälzen sich konvexe Flanken der Radzähne auf konkaven Flanken an der Schnecke ab. Das gibt günstigere Schmierungsverhältnisse und damit einen höheren Wirkungsgrad.

Der Schneckentrieb (Fig. 138) wird hauptsächlich verwendet bei sich rechtwinklig kreuzenden Wellen und großer Übersetzung (1/20—1/40). Die Übersetzung ergibt sich als Verhältnis der Gangzahl der Schnecke zur Zähnezahl des Schneckenrades. Man führt 1—5 gängige Schnecken aus. Der Wirkungsgrad steigt mit der Gangzahl ($\approx$ 0,7—0,95). Die

Vorteile sind: gedrängter Bau und geräuschloser Gang. Erforderlich ist genaue Herstellung und sorgfältige Wartung.

Die Schnecke ist meist aus Stahl und der Kranz aus Phosphorbronze. Der Billigkeit wegen wählt man manchmal die Werkstoffe umgekehrt. Bei Flaschenzügen läuft häufig die gehärtete Stahlschnecke auf einem Hartgußrad mit rohen Zähnen. Neuerdings sind auch Kunststoffe sowie Aluminium-, Magnesium- und Zinklegierungen erprobt worden und haben

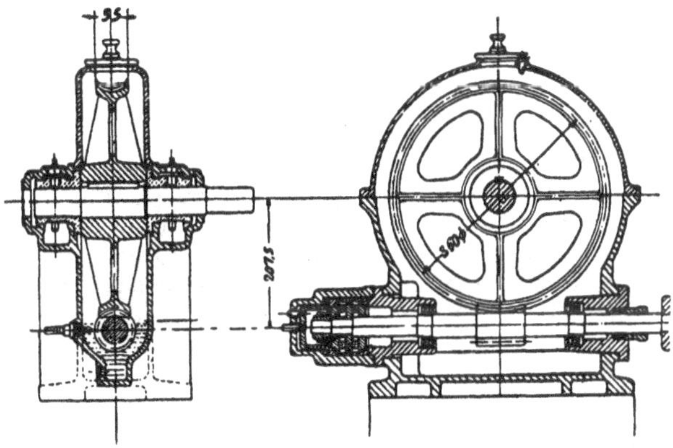

Fig. 138. Schneckentrieb (Fa. O. Gruson, Magdeburg)

sich in manchen Fällen als geeignet erwiesen. Wo die Bronze nicht entbehrt werden kann, ermöglicht der Verbundguß, bei dem die Zähne des Rades mit Bronze umgossen sind, gewisse Ersparnisse.

Berechnung und Abmessungen der Schneckentriebe

Bezüglich der Hauptkräfte bestehen folgende Verhältnisse: Wenn U_r die Umfangskraft am Schneckenrad mit dem Teilkreisradius R ist, so ist das Radmoment

$$M_r = U_r \cdot R.$$

Um dieses zu erzeugen, muß an der Schnecke das Moment

$$M_s = \frac{M_r}{i \cdot \eta} = U_s \cdot r$$

angreifen, wenn η der Wirkungsgrad, U_s die Schneckenumfangskraft und r der Teilkreisradius der Schnecke ist. Im reibungslosen Trieb wäre mit dem Steigungswinkel α

$$U'_s = U_r \cdot \mathrm{tg}\alpha .$$

Ist $\mathrm{tg}\varrho$ der Reibungswinkel, so wird mit Berücksichtigung der Reibung

$$U_s = U_r \cdot \mathrm{tg}(\alpha + \varrho).$$

Der Wirkungsgrad ist demnach

$$\eta = \frac{U'_s}{U_s} = \frac{\mathrm{tg}\alpha}{\mathrm{tg}(\alpha + \varrho)} .$$

Bei der Reibung ist sowohl die an den Zahnflanken erzeugte als auch die Lagerreibung zu berücksichtigen. Für $\alpha = \varrho$ ergibt sich die Grenze der Selbsthemmung, die je nach der Ausführung bei $\alpha = 4^1/_2{}^0$ bis 6^0 liegt. Durch Erschütterungen wird sie herabgesetzt. Selbsthemmende Getriebe haben einen sehr schlechten Wirkungsgrad. Es ist nämlich

$$\eta = \frac{\mathrm{tg}\varrho}{\mathrm{tg}\,2\varrho} = 0{,}5 .$$

Ist Z_1 die Gangzahl der Schnecke und Z_2 die Zähnezahl des Rades, so ist die Übersetzung

$$i = \frac{Z_2}{Z_1} .$$

Die Steigung ist

$$s = Z_1 \cdot t = Z_2 \cdot \pi \cdot m ,$$

und der Steigungswinkel berechnet sich aus

$$\mathrm{tg}\alpha = \frac{s}{2r\pi} = \frac{Z_1 \cdot t}{2r\pi} = \frac{Z_1 \cdot m}{2r} .$$

Die Schneckenlänge richtet sich nach der Zähnezahl des Rades. Sie ist angenähert*)

$$L = 2m\,(1 + \sqrt{Z_2}) .$$

*) Nach Prometheus G. m. b. H., Berlin-Reinickendorf.

Die Radbreite wird

$$b = 2{,}5\,t.$$

Sie kann auch gleich dem Teilkreisdurchmesser der Schnecke gewählt werden.

Da die Schnecke ein Zahnstangenprofil hat, kann zur Vermeidung von Unterschneidung die Zahnkorrektur durch Profilabrückung durchgeführt werden.

Die Festigkeitsrechnung der Radzähne erfolgt nach den gleichen Grundsätzen wie diejenige der Stirnräder. Die Beanspruchung auf Biegung ist die gleiche wie dort. Nur ist sie insofern günstiger, als dauernd die gleiche Zähnezahl im Eingriff bleibt. Es bildet sich ein Eingriffsfeld von konstanter Größe. Im Dauerbetrieb sind vor allem die zulässige Erwärmung und die Abnutzung zu beachten.

II. Reibradgetriebe*)

Werden zwei sich berührende Räder mit glatter Oberfläche entsprechend Fig. 139 gegeneinander gepreßt, so überträgt die Reibung an der Berührungsstelle die Leistung von dem einen Rad auf das andere. Ist Q der Anpreßdruck, U die zu übertragende Umfangskraft und μ der Reibungswert, so ist für zylindrische Räder

$$U \leqq Q \cdot \mu.$$

Führt man den Kranz der Räder mit keilförmigen Rillen aus, die ineinandergreifen, so ist bei einem Rillenwinkel α

$$U \leqq Q \frac{\mu}{\sin \frac{\alpha}{2}}.$$

Der erforderliche Anpreßdruck wird also kleiner. In den Rillen findet jedoch kein reines Abrollen mehr statt, so daß größere Abnutzung eintritt. Man macht deshalb die Rillentiefe höchstens 10–15 mm. Üblich ist ein Winkel $\alpha = 30^0$. Es werden 3–5 Rillen angeordnet. Die übertragbare Leistung geht bis 8 PS.

---

*) Peppler, W., Zweiachsige Reibradantriebe für feste Übersetzungen. Konstruktion 1 (1949) H. 10 u. 11.

Fig. 140 bis 143 zeigen Ausführungsformen für veränderliche Übersetzung. Bei Fig. 141 ist ein verschiebbarer Riemen zwischen die Räder geklemmt. Ein großer Nachteil dieser Triebe ist, daß die Lager den gesamten Anpreßdruck aufzunehmen haben.

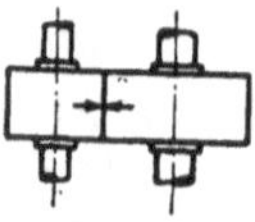

Fig. 139

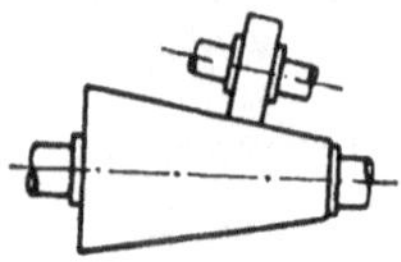

Fig. 140

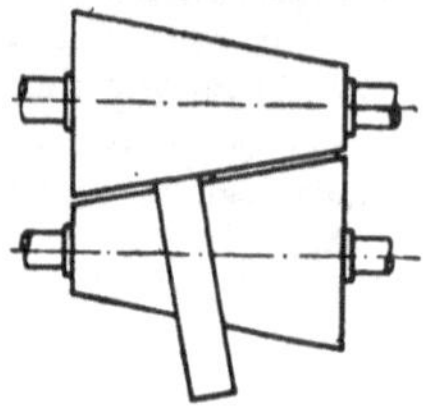

Fig. 141

Schematische Darstellung von Reibungsrädergetrieben

Beim Krupp-Garrard-Getriebe werden drei Räder durch einen darum gelegten Ring aneinandergepreßt, wodurch der Druck auf die Lager fortfällt. Die Übersetzung ist durch die Größe der Räder gegeben. Bei anderen Ausführungen werden

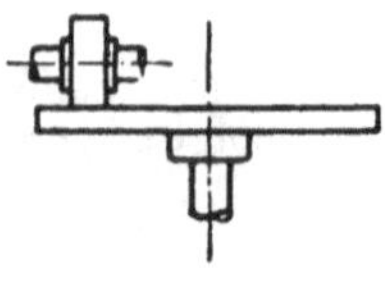

Fig. 142

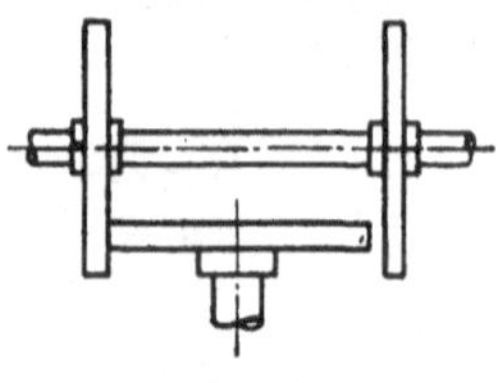

Fig. 143

Schematische Darstellung von Reibungsrädergetrieben

Rollen oder Kugeln als Übertragungsglieder verwendet, die schwenkbar oder verschiebbar sind und damit eine stufenlose Veränderung der Übersetzung ermöglichen. Fig. 142 und 143 zeigen Umkehrantriebe. Ersterer wird Teller- oder Diskusgetriebe genannt. Die Diskusscheibe ist auf ihrer Welle verschiebbar angeordnet. Letzterer wird hauptsächlich bei Spindelpressen angewendet. Die senkrechte Spindel wandert dabei in ihrer Achsrichtung.

Reibräder werden bei einer ganzen Anzahl von neueren stufenlosen Drehzahlregelgetrieben angewendet, z. B. System Wesselmann und System Gerdes und Arter (siehe Hütte 28. Aufl. Bd. II A S. 146).

Die Werkstoffe für die Räder sind Grauguß; Papier, Leder oder Holz auf Grauguß; Gummi auf Gummi.

Der Reibungswert μ schwankt dementsprechend zwischen 0,1 und 0,5.

III. Bandtriebe

Bandtriebe haben den Zweck, Energie mit Hilfe eines um Scheiben gelegten Bandes von einer Welle auf eine andere zu übertragen. Die Elastizität des Bandes und seine Fähigkeit, auf der Scheibe zu gleiten, bieten neben der guten Energieübertragung den Vorteil einer elastischen und einer Rutschkupplung, wodurch sie den Trieb gegen Stöße und Überlastung sichern. Infolge des Gleitens arbeiten diese Triebe mit etwas Schlupfverlust.

Die Kraftübertragung zwischen Band und Scheibe geschieht durch Reibung. Das Band muß also mit solcher Kraft gegen die Scheibe gedrückt werden, daß die zur Übertragung erforderliche Reibung entsteht.

a) Der Riementrieb

1. Anordnung und Werkstoff

Für das vorerwähnte Band werden verwendet: Lederriemen, Textilriemen, Gummi- und Balatariemen, Kunststoffriemen und Stahlbänder. Der ungefüge Seiltrieb wird zur Energieübertragung nicht mehr verwendet. Der Form nach unterscheidet man Flachriemen, Profilriemen und Keilriemen.

Zu guten Lederriemen wird Kernleder aus der Rückenhaut des Ochsen genommen. Kuhleder ist zarter und weniger widerstandsfähig. Bauchleder ist nur für untergeordnete Zwecke verwendbar. Aus einem Fell läßt sich ein Riemen von höchstens 400–500 mm Breite herausschneiden. Breitere Riemen müssen durch seitliche Beläge verstärkt werden. Die Dicke schwankt zwischen 4 und 8 mm; die besten Stücke der Haut sind 4–5 mm dick. Für Doppel- und Dreifachriemen werden die Bahnen unter Berücksichtigung des Dehnungsausgleichs aufeinandergeleimt. Sie erhalten Dicken bis zu 20 mm.

Es gibt drei Qualitäten: HG-Leder mit bis 7% Fettgehalt, hochgeschmeidig; G-Leder mit bis 14% Fettgehalt, geschmeidig; S-Leder mit bis 25% Fettgehalt, Standard.

Textilriemen sind Riemen, die als solche einlagig oder mehrlagig aus Fäden irgendwelcher Art, die nach Art textiler Fäden versponnen oder gegossen sind, gewebt sind, wobei auch die Webart auf die technischen Eigenschaften Einfluß hat. Die verwendbaren Werkstoffe sind recht zahlreich:

Animalische Rohstoffe: Kamelhaar, Wolle, Menschen- und Ziegenhaar, Naturseide.

Vegetabilische Rohstoffe: Baumwolle, Leinen, Ramie, Hanf.

Mineralische Rohstoffe: Asbest- und Glasfasern.

Synthetische Rohstoffe: Auf Poyamid- und PVC-Basis wie Nylon, Perlon, Orlon, Pan, Dolan.

Eine weitere Einteilung ergibt sich aus der Webart, wobei die Bindung von besonderer Bedeutung ist. Sie bietet die Möglichkeit, den Riemen entsprechend Verwendungsart und Stärke als einlagiges oder mehrlagiges Gewebe herzustellen. Zur Erhöhung der Reibung und der Lebensdauer sowie zum Schutz gegen äußere Einflüsse werden die Riemen mit Leinöl-, Bitumen-, Latex- oder Kunststoffimprägnierungen getränkt.

Abmessungen: Riemendicke 0,4 ... 24 mm, Riemenbreite 10 ... 2000 mm, Riemenlänge beliebig, bei endlosen Riemen 100 mm bis 100 m. Zugfestigkeit 600 ... 1200 kg/cm², Dehnung 1 ... 4%. Spez. Gewicht 0,7 ... 1,1. Reibung $\mu = 0{,}3 \ldots 0{,}6$.

Gummi- und Balatariemen haben als Zugband 3 bis 10 Gewebeeinlagen, die mit Kautschuk oder Balata getränkt sind. Die Dicke der Lagen ist 1,3 ... 1,4 mm, bei Feingewebe 0,7 mm.

Zugfestigkeit: Gummiriemen 500 ... 650 kg/cm²,
Balatariemen 550 ... 650 kg/cm².

Bruchdehnung: 11 ... 14%.

Profilriemen erhalten eine Reibauflage von Chromlederstreifen, die die Reibung erhöhen.

Kunststoffriemen haben ein Zugband aus Polyamid (Ultramid) mit einer Reibauflage aus Chromleder. Der Hauptvertreter dieser Gruppe ist der Siegling-Extremultusriemen.

Zugfestigkeit 2000 kg/cm², Bruchdehnung 35%, spez. Gewicht 0,7 ... 1,1, Reibung $\mu \approx 1$, sehr biegsam, hochelastisch.

Alle Riemen können endlos hergestellt werden.

Die Verbindung der Riemenenden geschieht am besten durch Verleimen. Weniger gut ist das Nähen oder Verbinden mit eisernen Klammern. Lederriemen laufen in der Regel auf der Fleischseite. Sie sind so aufzulegen, daß die Kanten der Riemenstöße nicht gegen die Scheibe laufen. Vor dem Auflegen werden die Riemen vorgestreckt. Im Betrieb dehnen sie sich. Die bleibende Dehnung kann dann bei Wellen, die parallel zu sich selbst verschoben werden können (Elektromotoren), durch Spannschlitten ausgeglichen werden. Andernfalls muß der Riemen wieder geöffnet, neu gestreckt und verbunden werden. Die Spannrolle gleicht die Dehnung selbsttätig aus.

Je nachdem wie die Wellen zueinanderliegen, erhält man den offenen, halb oder ganz geschränkten Trieb mit oder ohne Leitrollen. Bei geschränkten Trieben ist die Nutzspannung niedriger zu wählen.

Hohe Übertragungskraft haben die Keilriemen, die aus einer Zugschicht in einem keilförmigen Gummipolster bestehen. Die Scheiben haben entsprechende keilförmige Rillen, die die Reibung stark erhöhen.

Die normalen Riemengeschwindigkeiten liegen bei 10 bis 25 m/sek. Die günstigste Geschwindigkeit liegt theoretisch zwischen 25 und 30 m/sek. Bei erstklassiger Ausführung kann sie ohne weiteres bis 50 m/sek gesteigert werden. Bei höheren Geschwindigkeiten verwendet man gern Seidenriemen. Die höchste bisher untersuchte Geschwindigkeit beträgt 60 m/sek.

Balata-, Gummi-, Kamelhaar- und Seidenriemen übertragen annähernd dieselben Kräfte wie Lederriemen von gleicher Breite. Sie können endlos gewebt werden. Meist werden sie durch ein Riemenschloß verbunden. Durch das umlaufende Schloß treten zusätzliche Beanspruchungen auf, so daß nur geringere Geschwindigkeiten zulässig sind.

Die höchste Übertragungskraft haben Kunststoffriemen mit einer Reibauflage (Siegling-Extremultusriemen). Der Kunststoff hat eine hohe Festigkeit und ist sehr leicht und biegsam, so daß die Fliehkraft und die Biegespannung sich nicht sehr stark auswirken können. Bei 10facher Sicherheit ist ihre zul. Spannung noch 150 ... 180 kg/cm².

Vorteilhafte Sonderkonstruktionen für kurze Achsabstände sind die selbstspannenden Triebe (Poeschl-Kurztrieb, Sespa-Scheibe), bei denen das Reaktionsmoment des Antriebsmotors bzw. der Scheibe zur Erzeugung des Achsdrucks ausgenutzt wird. Beim Poeschl-Kurztrieb z. B. geschieht dies dadurch, daß der Motor auf einer Schwinge steht, deren Drehpunkt in der Resultierenden der Trumkräfte liegt.

2. Die Spannungsverhältnisse

Das von der Welle ausgehende Drehmoment bewirkt an der Scheibe eine Umfangskraft S_n. Diese muß von dem Band übertragen werden. Die Übertragung geschieht von der treibenden auf die getriebene Scheibe durch das Arbeitstrum. Im anderen Trum, dem Leertrum, läuft das Band leer zurück. Der Druck, mit dem es gegen die Scheibe gepreßt werden muß, wird durch die Vorspannung erzeugt, die bei Achsabständen über $a = 5$ m durch das Eigengewicht der durchhängenden Trums (Eigengewichtstrieb), bei kürzeren Achsabständen durch straffes Anspannen des Bandes (Eigenspannungstrieb) oder durch Anwendung einer Spannrolle im Leertrum erreicht wird (Spannrollentrieb). Die Kraft S_1 im Arbeitstrum muß größer sein als diejenige S_2 im Leertrum (Fig. 144). Der Unterschied beider ist die zu übertragende Kraft S_n.

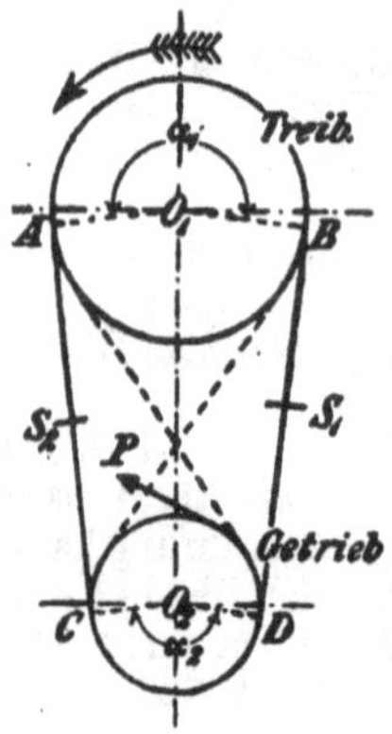

Fig. 144

Der Wirkungsgrad ist $\eta = 0{,}96 \ldots 0{,}98$.

$$S_n = S_1 - S_2 = \frac{75 \cdot N}{v \cdot \eta}\,[\mathrm{kg}].$$

Das Verhältnis von S_1 zu S_2 hängt ab von dem Reibungswert μ und dem Umschlingungswinkel α auf der kleineren Scheibe. Je größer diese beiden sind, um so größer ist der Unterschied der Trumkräfte und damit die Nutzkraft. Die Beziehung lautet, wenn e die Grundzahl der natürlichen Logarithmen ist, ohne Berücksichtigung der Fliehkraft

$$\frac{S_1}{S_2} = e^{\mu\alpha} = m.$$

Außerdem ist

$$S_n = S_1' \cdot \frac{m-1}{m} = S_2'\,(m-1).$$

Die Reibungszahl μ ist in erster Linie vom Schlupf des Riemens auf der Scheibe und damit von der Geschwindigkeit abhängig. Sie wird gesetzt für Lederriemen

bei Lauf auf der Fleischseite $\mu = 0{,}22 + 0{,}012 \cdot v$ (v in m/s),
bei Lauf auf der Haarseite $\mu = 0{,}33 + 0{,}02 \cdot v$.

Die Geschwindigkeit des Bandes ergibt sich aus der Geschwindkeit der Scheiben:

$$v = \frac{\pi D_1 n_1}{60} = \frac{\pi D_2 n_2}{60}\,[\mathrm{m/s}].$$

Ist nun q das Gewicht eines Bandstücks von 1 m Länge, so wird die durch die Fliehkraft entstehende zusätzliche Kraft

$$S_f = \frac{q}{g} \cdot v^2 = \sigma_f \cdot f.$$

Berücksichtigt man dies noch bei dem Spannungsverhältnis in den Trums, so wird

$$m = e^{\mu\alpha} = \frac{S_1 - S_f}{S_2 - S_f} = \frac{S_1'}{S_2'}.$$

Insgesamt wird das Band beansprucht durch die Nutzspannung, die Fliehspannung und die Biegespannung (Fig. 145).

Die höchstbeanspruchte Stelle liegt da, wo das Arbeitstrum auf die kleine Scheibe aufläuft und erhält eine Gesamtspannung

$$\sigma_{max} = \sigma_b + \sigma_f + \sigma_1 \quad [kg/cm^2] .$$

σ_b ist die Biegungsspannung.

Da das Band um die Scheiben herumgebogen wird, entsteht in ihm eine Biegungsspannung, auf die bei der Wahl der Größe der Scheiben Rücksicht zu nehmen ist.

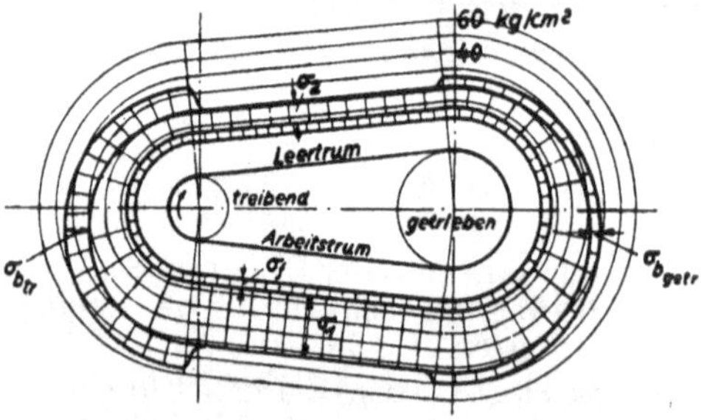

Fig. 145. Verteilung der Spannungen im Riemen über den gesamten Trieb. Siehe Göschen Bd. 1075, Riemen- und Seiltriebe S. 49 Abb. 46

$$\sigma_b = E_i \cdot s/D_2 \quad [kg/cm^2].$$

E_i ist der Biegeelastizitätsmodul des Riemens. $E_i \approx 0{,}33 \ldots 0{,}5 \cdot E$. s ist die Riemendicke und D_2 der Durchmesser der kleinen Scheibe. Das Verhältnis s/D sollte bei Leder nicht kleiner sein als 1/50, bei den meisten anderen Riemenwerkstoffen nicht kleiner als 1/30. Andernfalls sind besonders elastische Riemen zu nehmen.

σ_f ist die Fliehspannung.

$$\sigma_f = \delta \cdot v^2/10\,g \quad [kg/cm^2].$$

Darin ist δ [kg/dm³] das spez. Gewicht des Riemenwerkstoffs (≈ 1), g [m/s²] ≈ 10 die Erdbeschleunigung und v [m/s] die Riemengeschwindigkeit. Für Leder ist

$$\sigma_f = \frac{v^2}{100} \quad [kg/cm^2] .$$

σ_1 ist die Spannung im Arbeitstrum

$$\sigma_1 = \frac{S_1'}{b \cdot s} = S_n \frac{1}{(m-1)/m} \cdot \frac{1}{b \cdot s} = \frac{\sigma_n}{(m-1)/m} \quad [\mathrm{kg/cm^2}]$$

mit b = Riemenbreite und s = Riemendicke. $b \cdot s = f\,[\mathrm{cm^2}]$.

Mit dem Trumneigungswinkel β gegen die Zentrale wird die Achsbelastung beim Eigenfederungstrieb im Betrieb

$$S_a' = (S_1' + S_2')\cos\beta \quad [\mathrm{kg}]$$

und im Stillstand

$$S_a = (S_1 + S_2)\cos\beta \;[\mathrm{kg}], \quad \sin\beta = \frac{D_1 - D_2}{2a}.$$

Für den Eigengewichtstrieb gilt die zweite Formel für Stillstand und Betrieb und für den Spannrollentrieb die erste Formel in gleicher Weise.

Beim einfachen, offenen Trieb ergibt sich aus der Rechnung $S_a \approx 1{,}5 \ldots 2{,}5\,S_n$. Da man aber bei der Montage die Einstellung nicht sicher in der Hand hat, kommen Belastungen bis $S_a = 6 \cdot S_n$ vor. Beim Spannrollentrieb ist die genaue Einstellung der Bandspannung möglich. Hierbei schwankt der Achsdruck zwischen 1,2 und $1{,}5 \cdot S_n$ je nach dem Umschlingungswinkel. Um diesen so groß wie möglich zu machen und die Spannrolle nicht unnötig zu belasten, legt man diese an der kleinen Scheibe in das Leertrum. Kennzeichnend für die mögliche Ausnutzung des Riementriebs ist das Verhältnis der Nutzkraft zum Achsdruck, das als Durchzugsgrad bezeichnet wird.

$$\frac{S_n}{S_a'} = \frac{S_1' - S_2'}{S_1' + S_2'} = \frac{m-1}{m+1} = \varphi.$$

3. Die zulässige Beanspruchung

Die zulässige Nutzspannung ist (Fig. 146)

$$\sigma_n = (\max \sigma_{zul} - \sigma_b - \sigma_f) \cdot \frac{m-1}{m} \cdot k_s \cdot k_\sigma \cdot k_D \cdot k_B \cdot k_g =$$

$$= \sigma_1' \cdot \frac{m-1}{m} \cdot k_s \ldots k_g \quad [\mathrm{kg/cm^2}].$$

Sie ist also abhängig von der zulässigen Höchstspannung, die sich nach dem Werkstoff richtet. Für die z. Z. gültigen Lederriemensorten HGL, GL und SL gelten die Werte maxσ_{zul} = 40, 40, 35 kg/cm². Sodann ist sie abhängig von der Biegespannung und damit vom Verhältnis s/D und von der Fliehspannung und damit von der Riemengeschwindigkeit. Schließlich ist sie noch vom Spannungsverhältnis m und damit von der Reibungszahl und dem Umschlingungswinkel α abhängig. Der Faktor $(m - 1)/m$ heißt „die Ausbeute".

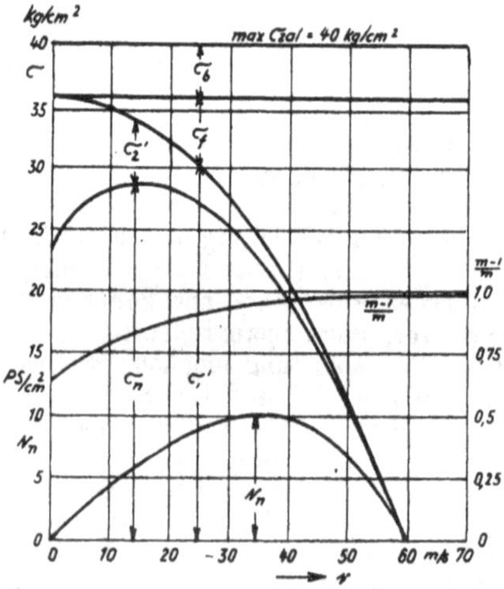

Fig. 146. Spannungen und Nutzleistung für Leder HGL beim Lauf auf der Haarseite. $D/s = 100$, $E_t = 400$ kg cm², max $\sigma_{zul} = 40$ kg/cm²

Außerdem sind noch zu berücksichtigen:

1. Die Betriebsart durch den Berichtigungsfaktor k_s.
2. Die schräge oder senkrechte Anordnung durch k_δ. δ ist der Neigungswinkel der Zentralen.
3. Doppel- und Dreifachriemen durch $k_D = 1{,}2$.
4. Die Biegefrequenz $B = z \cdot v/L$ [1/s] (z = Zahl der umfahrenen Scheiben, v = Riemengeschwindigkeit, L = Riemenlänge) durch k_B.

5. Riementriebe mit Fest- und Losscheibe, Konustriebe, Leitrollentriebe, halbgeschränkte und gekreuzte Triebe durch $k_g = 0{,}8$.

4. Der Keilriementrieb

Für den Keilriemen gelten die gleichen Gesetze wie für den Flachriemen, nur tritt an Stelle der Reibungszahl die Keilreibungszahl

$$\mu' = \frac{\mu}{\sin\frac{\gamma}{2}},$$

wenn γ der ganze Keilwinkel ist.

Fig. 147 u. 148. Geteilte und ungeteilte Riemenscheibe (Fa. Flender)

Bei Gummikeilriemen ist $\mu' = 2{,}5$ bis 3,5. Der übliche Keilwinkel ist $\gamma = 38^0$. Beim Umlegen um die Scheibe ändert sich das Profil des Riemens. Dementsprechend ändern sich die Kantenwinkel der Scheibenrillen mit der Größe der Scheibe von 38^0 bis 32^0. Wegen der Keilwirkung kann der Umschlingungswinkel kleiner sein als beim Flachriemen. Nach DIN E 2216 ist der kleinste zulässige Winkel 70^0. Dadurch ist ein sehr kurzer Achsabstand möglich und eine große Übersetzung bis 1/15. Normal ist $a \approx D$. Übersetzungen über 1/10 werden meist zu teuer. Die Riemengeschwindigkeit soll möglichst hoch, aber nicht über 25 m/s sein.

5. Die Riemenscheiben

Diese werden geteilt oder ungeteilt in der Regel aus Gußeisen hergestellt (Fig. 147 und 148). Die Hauptbeanspruchung rührt von der Fliehkraft her. Durch die verschiedene Erstarrungsgeschwindigkeit von Kranz, Armen und Nabe treten Gußspannungen auf, worauf bei der Konstruktion Rücksicht zu nehmen ist. Bei geteilten Scheiben wird die Teilung in die Arme gelegt. Für hohe Geschwindigkeiten werden vielfach Stahlriemenscheiben verwendet. Für untergeordnete Zwecke kann man auch aus Stahlblech gepreßte und hölzerne Scheiben nehmen. Die angetriebene Scheibe wird mit gewölbtem Kranz ausgeführt. Da der Riemen das Bestreben hat, nach der höchsten Stelle aufzulaufen, wird er dadurch in der Mitte der Scheibe gehalten.

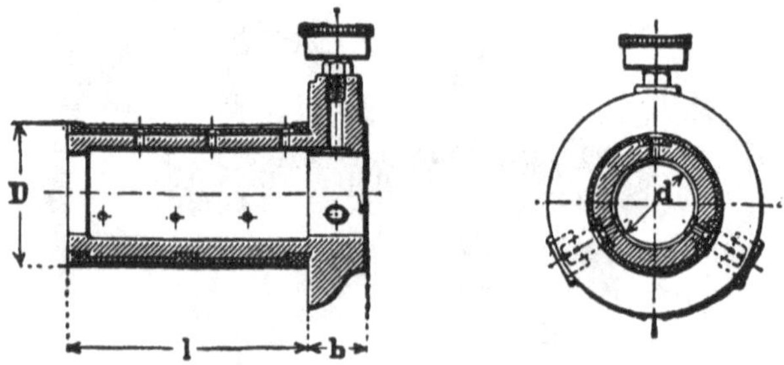

Fig. 149. Leerlaufbüchse mit Staufferschmierung

Für Triebe, die mit wechselnden Übersetzungen laufen, nimmt man Stufenscheiben oder Kegelscheiben. Für letztere ist eine besondere Ausführung des Riemens erforderlich.

Die Abmessungen der Riemenscheiben sind in DIN 111 und die Befestigungen in DIN 110 festgelegt. Ungeteilte Scheiben werden mit Schiebesitz ausgeführt und je nach ihrer Größe mit Hohlkeil, Flachkeil oder Treibkeil befestigt. Geteilte Scheiben werden zum Klemmen gebohrt und ohne Keil oder mit Flachkeil bzw. Treibkeil befestigt.

Losscheiben, die nur leer mitlaufen, werden auf besondere Leerlaufbüchsen gesetzt (Fig. 149).

Geschränkte oder räumliche Riementriebe müssen mit Leitrollen (Fig. 150) versehen werden.

6. Der Spannrollentrieb

Bei besonders großem oder kleinem Achsabstand wird zur Erhaltung der Gleichmäßigkeit des Riemenzuges eine Spannrolle verwendet (Fig. 151 bis 153). Die Rolle sitzt an einem drehbaren Arm und wird in der Nähe der kleinen Scheibe gegen das Leertrum gedrückt. Dadurch wird der Umspannungsbogen auf den Scheiben, insbesondere auf der kleinen Scheibe, vergrößert und die Vorspannung nahezu konstant

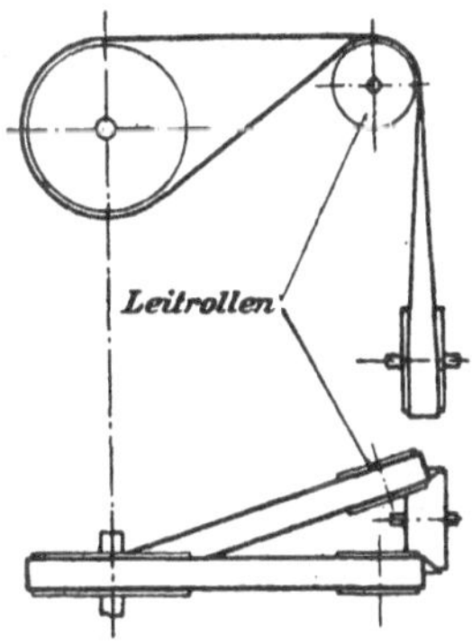

Fig. 150. Leitrollentrieb

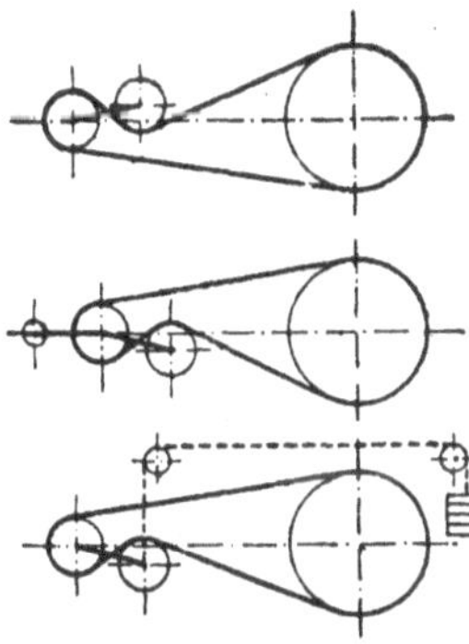

Fig. 151—153. Spannrollentrieb

gehalten. Diese kann aus dem Umschlingungswinkel vorausberechnet und durch Gewichte eingestellt werden. Das Übersetzungsverhältnis, das beim gewöhnlichen Trieb bis 1 : 5, höchstens bis 1 : 6 beträgt, kann bedeutend vergrößert werden. Spannrollen werden mit Gleitlagerung und Ölumlaufschmierung oder mit Kugellagern ausgeführt.

b) Der Stahlbandantrieb

Ein dünnes Band von 0,6 bis 1,1 mm Dicke und 55 bis 250 mm Breite aus gehärtetem, kalt gewalztem Holzkohlenstahl von 150 kg/mm² Festigkeit läuft auf Scheiben, die zur Erhöhung der Reibung einen Korkbelag auf einer Papierunterlage erhalten. Die Verbindung der Bandenden geschieht in der Regel durch ein

Schloß besonderer Bauart. Der kleinste zulässige Scheibendurchmesser ist $D_{\min} = 1000$ mm.

Die zulässige Nutzspannung ist $\sigma_n = 750$ kg/cm². $\sigma_{b\,zul} = 1350$ kg/cm². Die wirtschaftliche Mindestgeschwindigkeit ist $v = 25$ m/s ($v_{\max} = 45$ m/s). Die erforderliche Bandlänge ist erfahrungsgemäß $L = 0{,}75\,v$ (v in m/s). Der Schlupf ist sehr gering (0,1 bis 0,5%), die Dehnung unmerkbar klein. Der Einfluß der Temperatur ist gering. Einfluß der Feuchtigkeit ist nicht vorhanden. Jedoch müssen die Scheiben genau zylindrisch und sehr gut montiert sein. Achsdruck $S_a = 3{,}3 \cdots 3{,}8\,S_n$. min $\alpha = 135^0$, max $\alpha = 90$ m.

E. Die Elemente des Kurbeltriebs

I. Allgemeines

Der Kurbeltrieb ist eine Gestängeverbindung, die dazu dient, Kräfte von einem umlaufenden Teil (Kurbel) auf einen

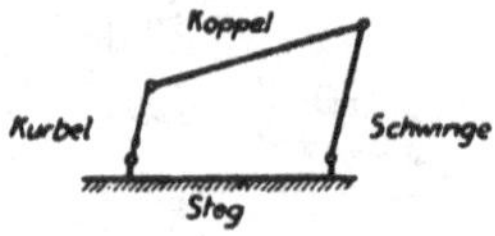

Fig. 154. Gelenkviereck

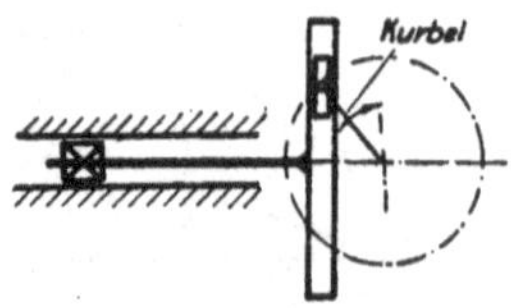

Fig. 155. Kurbelschleife

schwingenden oder hin- und hergehenden Teil oder umgekehrt zu übertragen. Die allgemeinste Form ist das Gelenkviereck (Fig. 154), das aus einem festen Steg (Maschinenrahmen) besteht, an dessen einem Ende eine Kurbel und am anderen Ende eine Schwinge angeschlossen ist, die ihrerseits durch eine Koppel verbunden sind. Sind Kurbel und Schwinge verschieden lang, so erhält man die umlaufende Doppelkurbel, die den Lemniskatenlenker liefert (z. B. Schreibvorrichtung für Indikatoren, Demag-Wippkran).

Sind Kurbel und Schwinge gleich lang, so entsteht die Parallelkurbel (z. B. Kupplung von Lokomotivtreibachsen). Wird die Schubstange mit einer Schleife ausgerüstet, in der der Kurbelzapfen mit einem Gleitstein geführt wird (Fig. 155) so entsteht die Kurbelschleife. Wird die Länge der Schwinge gleich null, so erhält man die Geradschubkurbel, bei der die Koppel (Schubstange, Pleuelstange) an einem Ende mit der Kurbel umläuft, während das andere Ende sich mit dem Kreuzkopf oder dem Kolben auf einer Geraden bewegt. (Dampfmaschine, Verbrennungskraftmaschine, Pumpe, Kompressor usw.). Auf den Kolben wirken veränderliche Kräfte (Fig. 156 zeigt das Beispiel eines Dampfdiagramms). Diese wirken bei Kraftmaschinen auf dem Hingang → beschleunigend und auf dem Rückgang ← verzögernd auf den Kolben. Bei Arbeitsmaschinen (Pumpen und Kompressoren) kehrt sich der Vorgang um. Bei doppeltwirkenden Maschinen wirkt auf die andere Seite des Kolbens ein zu dem dargestellten im Spiegelbild stehendes Diagramm. Diese Kräfte werden vom Kolben K (Fig. 157) durch die Kolbenstange U auf den Kreuzkopf G und von diesem auf die Schubstange S und die Kurbel R übertragen. Da die Kolbenstange durch die Zylinderwand hindurchgeführt werden muß, ist das Entweichen der Flüssigkeit, des Dampfes oder Gases an dieser Stelle durch eine Stopfbüchse T mit Dichtung zu verhindern. Bei einfachwirkenden Maschinen, die stets mit Tauchkolben ausgerüstet sind, fällt der Kreuzkopf in der Regel fort. Der Bolzen, an dem die Schubstange angreift, wird dann in den Kolben verlegt. Kreuzkopflose Bauarten findet man nur bis

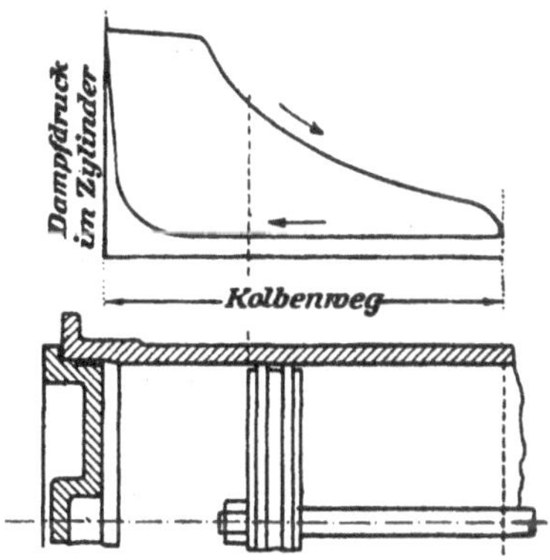

Fig. 156. Beispiel eines Dampfdiagramms

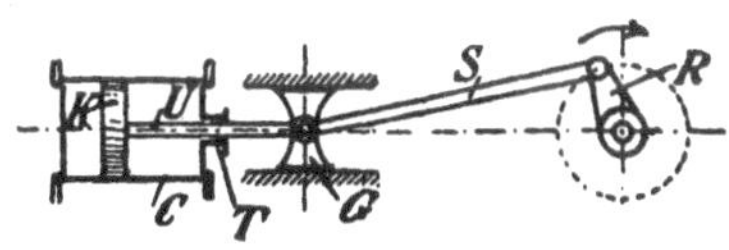

Fig. 157. Kurbeltrieb

400 PS Zylinderleistung. Durch die Beschleunigung und Verzögerung der bewegten Massen (Kolben, Kolbenstange, Kreuzkopf, Schubstange) entstehen noch zusätzliche Massenkräfte, die auf der ersten Hälfte des Kolbenwegs verzögernd und auf der zweiten Hälfte beschleunigend wirken.

Die Kolbenkraft erzeugt in der Schubstange eine vom Winkel φ (Fig. 158 und 159) abhängige Kraft S, die wiederum

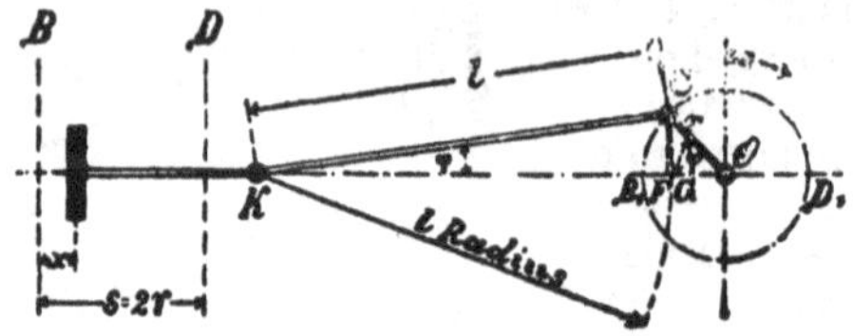

Fig. 158. Bewegungsverhältnisse im Kurbeltrieb

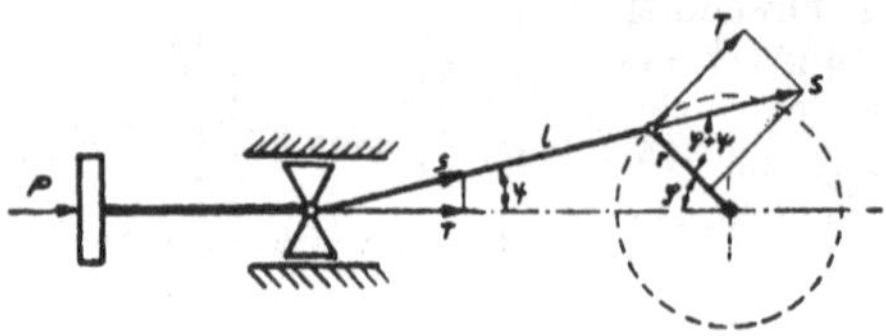

Fig. 159. Die Kräfte im Kurbeltrieb

an der Kurbel eine tangential am Kurbelkreis wirkende Umfangskraft T erzeugt. Diese ändert sich wieder mit dem Winkel $\varphi + \psi$ (Fig. 159). Sie ist in den Totpunkten gleich 0 und erreicht ihren Größtwert, wenn $\varphi + \psi = 90^0$ ist.

II. Bewegungs- und Kräfteverhältnisse im Kurbeltrieb

a) Der Kolbenweg (Kreuzkopfweg)

Es sei der Weg $B - D$ der Hingang und $D - B$ der Rückgang (Fig. 158). Dreht sich nun die Kurbel um den Winkel φ, dann schwingt die Schubstange um den Winkel ψ, und der Kolben legt den Weg x zurück. Dann ist

beim Hingang $x = B_1G = B_1F + FG$,
beim Rückgang $x = D_1G = D_1F - FG$.

Allgemein gilt also

$$x = r(1 - \cos\varphi) \pm l(1 - \cos\psi)$$

oder angenähert

$$x = r(1 - \cos\varphi) \pm \frac{1}{2} l \left(\frac{r}{l} \cdot \sin\varphi\right)^2$$

für Maschinen, bei denen $\frac{r}{l} \leqq \frac{1}{5}$ ist. Letzeres Verhältnis ist

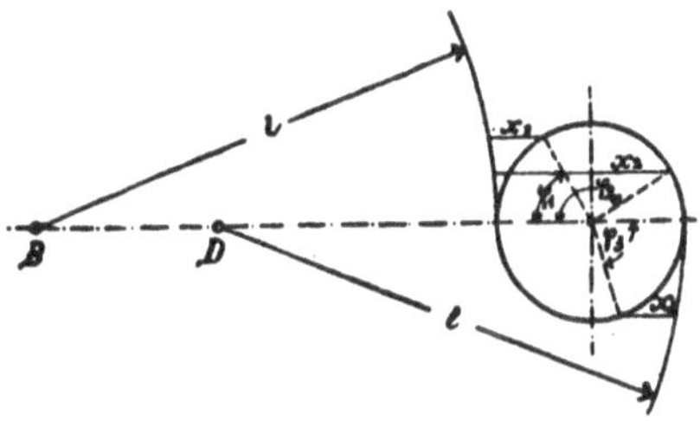

Fig. 160. Bestimmung des Kolbenwegs aus dem Kolbenwinkel

das für Dampfmaschinen gebräuchlichste. Bei Verbrennungsmaschinen ist $\frac{r}{l} = \frac{1}{3}$ bis $\frac{1}{4{,}5}$, wobei der größte Wert für Schnelläufer in gedrängter Bauart gilt. Bei gleichem Winkel φ ist also der Hingang größer als der Rückgang.

Die zeichnerische Bestimmung des Kolbenwegs aus dem Kurbelwinkel zeigt Fig. 160. Man schlägt um B und D zwei Kreise, die den Kurbelkreis berühren. Die Lage des Kolbenwegs x ergibt sich aus der Zeichnung.

b) Die Kolbengeschwindigkeit (Fig. 161)

Wenn c die Kolbengeschwindigkeit und u die Kurbelzapfengeschwindigkeit ist, dann ist für den beliebigen Kurbelwinkel φ

$$c = u\left(\sin\varphi \pm \frac{1}{2}\frac{r}{l}\sin 2\varphi\right),$$

$$u = \frac{2r\pi n}{60}.$$

Die Vorzeichen + und − gelten wieder für Hin- und Rückgang. In den Totpunkten ist $\varphi = 0$, also auch $c = 0$.

Ist $u = \text{const}$ und $\frac{r}{l} = \frac{1}{5}$, so wird die Höchstgeschwindigkeit erreicht im Hingang bei $\varphi = 79^0\,16'$ und im Rückgang bei $\varphi' = 100^0\,44'$ und ist $c_{max} = 1{,}02\,u$. Zur Erleichterung

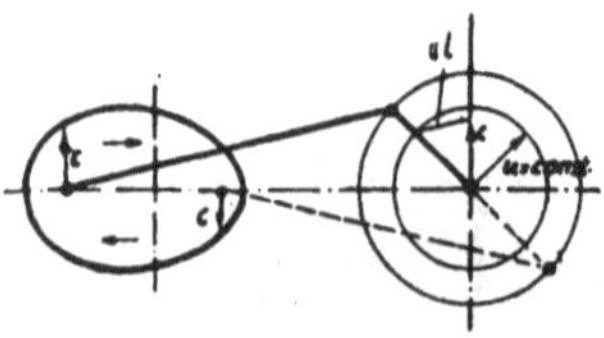

Fig. 161. Die Kolbengeschwindigkeit

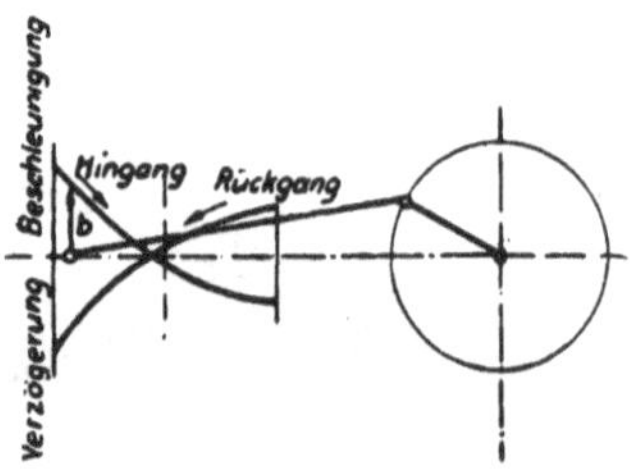

Fig. 162. Die Kolbenbeschleunigung

rechnet man häufig mit der mittleren Kolbengeschwindigkeit

$$c_m = \frac{2sn}{60} = \frac{4rn}{60},$$

c_m schwankt zwischen 2,5 und 5 m/sek.

Bei unendlicher Schubstangenlänge wird $c = u\sin\varphi$, und das Maximum liegt für Hin- und Rückgang bei 90^0 und ist $c = u$.

c) Die Kolbenbeschleunigung (Fig. 162)

Die Kolbengeschwindigkeit schwankt zwischen Null und einem Höchstwert. Der Kolben muß also abwechselnd beschleunigt und verzögert werden. Die Beschleunigung bzw. Verzögerung ist

$$b = \frac{dc}{dt} = u\left(\cos\alpha + \frac{r}{l}\cos 2\alpha\right)\frac{d\varphi}{dt}$$

und mit
$$\frac{d\varphi}{dt} = \omega = \frac{u}{r}$$
$$b = \frac{u^2}{r}\left(\cos\alpha + \frac{r}{l}\cos 2\alpha\right).$$
Die größten Werte von b treten auf bei $\varphi = 0$ und $\varphi = 180^0$, d. h. in den Totpunktstellungen.

Der Hingang
beginnt mit der Beschleunigung $\left(\frac{\pi n}{30}\right)^2 r\left(1 + \frac{r}{l}\right)$

und endigt mit der Verzögerung $\left(\frac{\pi n}{30}\right)^2 r\left(1 - \frac{r}{l}\right)$.

Der Rückgang
beginnt mit der Beschleunigung $\left(\frac{\pi n}{30}\right)^2 r\left(1 - \frac{r}{l}\right)$

und endigt mit der Verzögerung $\left(\frac{\pi n}{30}\right)^2 r\left(1 + \frac{r}{l}\right)$.

d) Die Kraftverhältnisse

Auf die Kolbenfläche $F[\mathrm{cm}^2]$ wirkt der jeweilige Druck im Zylinder $p[\mathrm{kg/cm}^2]$ (Dampf-, Gas- oder Wasserdruck). Dann ist die Kolbenkraft (Arbeitskraft)
$$P = F \cdot p \quad [\mathrm{kg}].$$
Hierzu tritt noch die Massenkraft der hin- und hergehenden Teile (Kolben, Kolbenstange, Kreuzkopf und ein Anteil der Schubstange). Deren Gewicht sei G_h und ihre Masse m_h. Dann ist die Massenkraft
$$P_h = m_h \cdot b = \frac{G_h}{g} \cdot \frac{u^2}{r}\left(\cos\varphi \pm \frac{r}{l}\cos 2\varphi\right).$$
Die Massenkraft ist während der Beschleunigungsperiode von der Arbeitskraft abzuziehen und während der Verzögerungsperiode hinzuzuzählen.

Zum Vergleich mit dem Arbeitsdruck p wird sie häufig auf die Kolbenfläche bezogen. Dann wird mit
$$u = \frac{2r\pi n}{60} \text{ und } \pi^2 \approx g$$
$$q = \frac{P_h}{F} = \left(\frac{n}{30}\right)^2 \frac{G_h}{F}\left(\cos\varphi \pm \frac{r}{l}\cos 2\varphi\right).$$

Die Kolbenkraft wird am Kreuzkopf in die Stangenkraft S und den Bahndruck N zerlegt

$$S = \frac{P}{\cos\varphi}\,;\quad N = P \cdot \operatorname{tg}\varphi\,.$$

Für $\frac{r}{l} = \frac{1}{5}$ wird nach dem Vorhergehenden

$$S_{\max} = 1{,}02\,P \text{ und } N_{\max} = 0{,}2\,P\,.$$

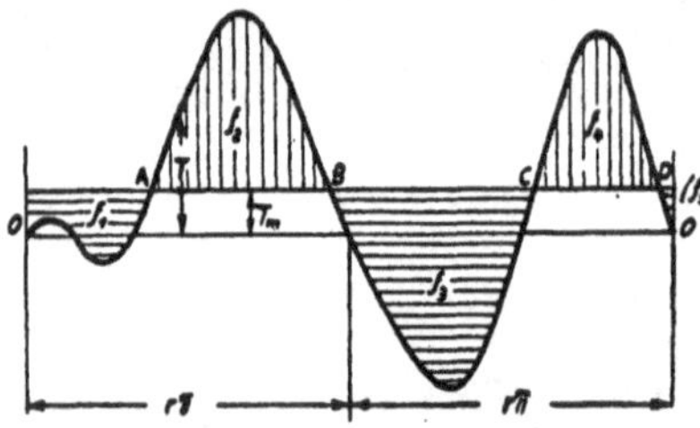

Fig. 163. Drehkraftdiagramm

Am Kurbelzapfen wird S wieder in zwei Komponenten zerlegt, in die Tangentialkraft T und die Radialkraft R

$$T = S\sin(\varphi \pm \psi) = P\,\frac{\sin(\varphi \pm \psi)}{\cos\varphi}$$

$$R = S\cos(\varphi \pm \psi) = P\,\frac{\cos(\varphi \pm \psi)}{\cos\varphi}\,.$$

Das $+$Zeichen gilt für den Hingang und das $-$Zeichen für den Rückgang. In den Totpunkten werden die Winkel φ und ψ gleich 0; also wird $T = 0$ und $R = S = P$.

Die Tangentialkraft T über dem Kurbelwinkel φ aufgetragen, ergibt das Drehkraftdiagramm (Fig. 163), das zugleich den Verlauf des an der Kurbelwelle angreifenden Drehmoments zeigt. Dieses ist

$$M_d = T \cdot r \cdot \eta\,,$$

wenn η der mech. Wirkungsgrad des Kurbeltriebes ist.

e) Gleichförmigkeit des Ganges und Ausgleich der Massenkräfte

Der unregelmäßige Verlauf der Kräfte führt zu Beschleunigungen und Verzögerungen im Lauf der Maschine. Treibt diese z. B. einen elektr. Generator an, der ein konstantes Wellendrehmoment fordert, so müssen die Ungleichförmigkeiten im Gang der Maschine nach Möglichkeit ausgeglichen werden. Bei mehrkurbeligen Maschinen werden die Kurbeln gegeneinander versetzt, und zwar je nach Art der Maschine um 90°, 120° oder 180°. Dadurch kann schon ein teilweiser Ausgleich geschaffen werden. Ein weiterer Ausgleich kann durch an den Kurbeln angebrachte Gegengewichte geschaffen werden. Die Kräfte wirken aber auch noch auf den Maschinenrahmen und das Fundament. Lokomotiven führen z. B. seitliche Pendelbewegungen aus.

Werden die über und unter der Nullinie liegenden Flächen ausplanimetriert und das Ergebnis durch den Kurbelweg $2r\pi$ dividiert, so erhält man die mittlere Tangentialkraft T_m, die dem mittleren Widerstand der angetriebenen Maschine entspricht.

Die Leistung der Maschine ist dann

$$N = \frac{T_m \cdot 2r\pi \cdot n \cdot \eta}{60 \cdot 75} \text{ [PS]}.$$

Bezieht man die Tangentialkraft T_m auf 1 cm² der Kolbenfläche, so erhält man

$$p_{mT} = \frac{T_m}{F} \text{ [kg/cm}^2\text{]}.$$

Nun läßt sich durch Ausplanimetrieren des Indikatordiagramms der mittlere Kolbendruck p_i ermitteln. Dann ist z. B. für eine einzylindrige doppeltwirkende Dampfmaschine die Leistung

$$N = \frac{F \cdot p_i \cdot 2s \cdot n}{60 \cdot 75} \text{ [PS]}.$$

Durch Gleichsetzen mit der vorigen Gleichung wird ohne Berücksichtigung des Wirkungsgrads

$$\frac{F \cdot p_i \cdot 2s \cdot n}{60 \cdot 75} = \frac{F \cdot p_{mT} \cdot 2r\pi n}{60 \cdot 75},$$

woraus

$$p_{mT} = p_i \cdot \frac{2}{\pi}.$$

Ähnlich ist die Berechnung für andere Arbeitsverfahren.

Nun läßt sich weiter aus dem Drehkraftdiagramm der Ungleichförmigkeitsgrad δ und das zu seinem Ausgleich erforderliche Schwungrad berechnen. Die Flächen f_1, f_3 und f_5 sind Unterschußflächen, die zeigen, daß auf diesen Wegen das gelieferte Drehmoment kleiner ist als das geforderte, der Lauf der Maschine wird gehemmt, so daß in den Punkten A und C die Geschwindigkeit vermindert ist. Die Kurbel hat die Geschwindigkeit $v_{\min}$. Die Flächen f_2 und f_4 sind Überschußflächen, so daß entsprechend in B und D eine größere Geschwindigkeit $v_{\max}$ vorhanden ist. Ist v die mittlere Geschwindigkeit, so ist der Ungleichförmigkeitsgrad

$$\delta = \frac{v_{\max} - v_{\min}}{v_m}$$

mit $v_m = \dfrac{v_{\max} + v_{\min}}{2}$.

Dieser soll einen je nach der Maschinenart verschiedenen Wert nicht überschreiten. Man setzt z. B.

δ = 1/20 – 1/30 für Pumpen und Gebläse
1/40 für Werkstattmaschinen
1/60 – 1/100 für Spinnereimaschinen
1/150 – 1/200 für Dynamomaschinen, für Lichtbetr.
1/180 – 1/300 für Fahrzeugmotoren.

Um die im Schwungrad unterzubringende Schwungmasse M_s zu berechnen, wird die Überschußarbeit

$$A_s = M_s \frac{v_{\max}^2 - v_{\min}^2}{2}$$

aus dem Drehkraftdiagramm errechnet.

Durch Einsetzen von δ und v_m in vorstehende Formel erhält man

$$A_s = M_s v_m^2 \cdot \delta.$$

Hierin ist δ gegeben und v_m die Geschwindigkeit im Schwerpunktskreis des Schwungradkranzes

$$v_m = \frac{\pi D n}{60}.$$

M_s ist dann die Masse des Kranzes

$$M_s = \frac{A_s}{v_m^2 \cdot \delta_i}.$$

Zur Ermittlung von A_s bildet man mit der Fläche f_1 beginnend progressive Summen. Der dabei entstehende größte positive und größte negative Betrag werden mit ihrem absoluten Wert zusammengenommen und geben das gesuchte A_s. Zum Beispiel:

$f_1 = -11 = -11,$
$f_1 + f_2 = -11 + 37 = +26,$
$f_1 + f_2 + f_3 = -11 + 37 - 49 = -23,$
$f_1 + f_2 + f_3 + f_4 = -11 + 37 - 49 + 23 = 0,$
$A_s = |+26| + |-23| \cdot$ Flächeneinheit $= 49 \cdot$ Flächeneinheit.

III. Der Kolben

Kolben dienen in Kraftmaschinen dazu, die vom Betriebsstoff im Zylinder erzeugte Kraft auf das Triebwerk zu übertragen, und in Arbeitsmaschinen die Kraft auf den im Zylinder eingeschlossenen Stoff wirken zu lassen. Sie müssen längs der Kolbenwand sehr gut abdichten, um Verluste des Betriebsmittels oder bei Unterdruck das Ansaugen von Luft und außerdem das Wegblasen des Schmieröls zu verhindern.

Man unterscheidet Scheibenkolben, Tauchkolben oder Rohrkolben oder Plunger und Ventilkolben mit eingebauten Ventilen.

Die Abdichtung geschieht entweder durch sorgfältiges Einschleifen des Kolbens (nur bei gleichem Material für Kolben und Zylinder) oder durch Packungen, Dichtungen oder Liderungen, die entweder im Zylinder (als Stopfbüchsen) oder im Kolben eingebaut sind.

Bei Scheibenkolben in doppeltwirkenden Pumpen für reines Wasser wird die Lederstulpdichtung verwendet. Bei Warmwasserpumpen hat sich auch Holzliderung bewährt. In den weitaus meisten Fällen wird metallische Liderung verwendet. Diese besteht aus sogenannten Kolbenringen, die in Nuten um den Kolben gelegt werden und durch die eigene Elastizität selbstspannend oder durch hintergelegte Federn auseinandergedrückt werden und sich gegen die Zylinderwandung legen. Fig. 164 zeigt einen Scheibenkolben mit eingelegten Kolbenringen. Die Ringe bestehen aus weichem, zähem Gußeisen. Sie werden zu mehreren in einem Zylinder gegossen,

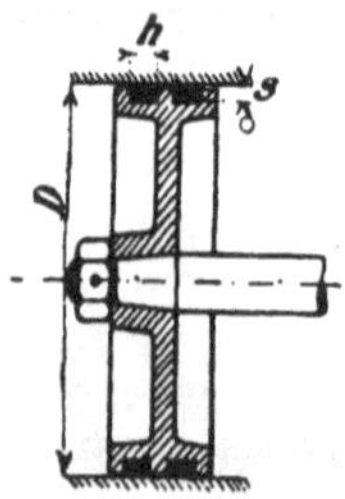

Fig. 164. Scheibenkolben mit eingelegten Kolbenringen

Fig. 165 Aufschneiden des Kolbenrings

mit einem um das Maß a (Fig. 165) größeren Umfang vorgedreht und einzeln von ihm abgestochen. Dann wird ein Stück von der Länge $a = 1/8\,D$ bei größeren, bis $1/15\,D$ bei kleineren Kolben herausgeschnitten, der Ring zusammengespannt und auf den Durchmesser D abgedreht. Diese Ringe liegen mit ungleichem Druck an der Zylinderwandung an. Um das zu verhindern, stellt Reinhardt den Ring entsprechend der ovalen Form her, die er im entspannten Zustand einnimmt. Eine andere Möglichkeit ist die, den Ring gegenüber dem Schloß mit der üblichen Stärke herzustellen und diese nach den Enden zu auf 0,7 davon abnehmen zu lassen. Die Firma Davy-Robertson in Berlin dreht die Ringe von durchweg gleicher Dicke auf den richtigen Durchmesser ab und gibt ihnen nach dem Aufschneiden die Spannung durch Hämmern der Innenseite.

Das Goetzewerk, Burscheid, hämmert die Ringe innen und außen, was zur Folge hat, daß bei Abnutzung die Spannung konstant bleibt. Die Abmessungen des Ringes sind abhängig vom abzudichtenden Druck, also dem Flächendruck, der Ringreibung, der vom Ring an den Kolben abzuführenden Wärmemenge und der Biegungsspannung beim Überstreifen des Ringes über den Kolben. Der zulässige Anpreßdruck ist $p = 0{,}1$ bis $1{,}2\ \text{kg/cm}^2$ und die zulässige Biegungsspannung $\sigma_{b\,\text{zul}} = 800$ bis $1200\ \text{kg/cm}^2$. Die größte Biegungsspannung tritt beim Überstreifen des Ringes auf.

Die Kolbenringe von Kraftfahrzeugen sind genormt in DIN *KrM* 101 und 102.

Bei schweren Maschinen unterscheidet man selbsttragende und schwebende (von der Stange getragene) Kolben. Die ersteren werden so abgedreht, daß sie mit 1/3 des Umfangs genau aufliegen.

Die Kolbenbreite ist bei Scheibenkolben, die vielfach doppelwandig ausgeführt werden,

$$B = \frac{1{,}15\,G}{D \cdot p}\ .$$

G ist das Gewicht des Kolbens und eines Teiles der Kolbenstange, $p = 0{,}3$ bis $0{,}5\ \text{kg/cm}^2$ ist der zulässige Flächendruck.

Bei anderen Kolben ist etwa $p = 0{,}5$ bis $1{,}0\ \text{kg/cm}^2$ zulässig.

Die Tauchkolben (Fig. 166) von Verbrennungskraftmaschinen übernehmen gleichzeitig die Aufgabe des Kreuzkopfs. Die Länge l des Kolbens ergibt sich aus folgenden Mittelwerten für das Verhältnis $\frac{l}{D}$:

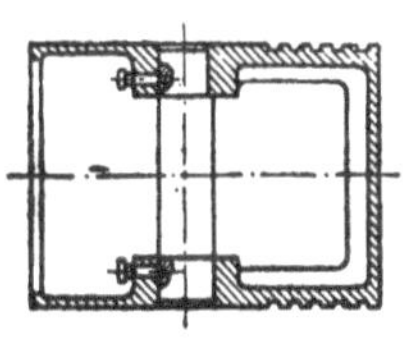

Fig. 166. Tauchkolben

für leichtere Motoren $\frac{l}{D} = 1 - 1{,}4$,

für liegende Verbrennungsmaschinen bis zu 40 PS $\frac{l}{D} = 1{,}8 - 2$,

für größere Verbrennungsmaschinen bis zu 180 PS

$$\frac{l}{D} = 1{,}5 - 1{,}6.$$

Die Kolben werden durchweg aus Spezialgußeisen hergestellt, solche für Kraftwagen- und Flugmotoren auch aus Leichtmetall.

IV. Die Kolbenstange

Die Kolbenstangen haben bei Kraftmaschinen (Dampfmaschinen, Gas- und Ölmotoren) den Zweck, die im Zylinder auf den Kolben wirkenden Kräfte auf den Kreuzkopf zu übertragen. Bei Arbeitsmaschinen (Pumpen, Kompressoren, Pressen u. dgl.) ist der Vorgang umgekehrt. Als Werkstoff verwendet man zähen, harten Flußstahl (St 50.11) mit glatter und reiner Oberfläche, manchmal auch Bronze.

Für eine genaue Berechnung ist jeweils von der Anordnung der Maschine auszugehen. Die Beanspruchung erfolgt auf Knickung. Es muß aber in jedem Einzelfall festgestellt werden, ob es sich um elastische oder unelastische Knickung handelt. Im ersteren Fall rechnet man im allgemeinen nach Euler, Fall II, mit der Formel

$$P = \frac{\pi^2 \cdot J}{\alpha \cdot \gamma \cdot l^2}.$$

Darin ist P = Stangenkraft, J = Trägheitsmoment der Stange, l = Knicklänge der Stange, γ = Sicherheitskoeffizient. α ist die Elastizitätszahl des Werkstoffs. Die Stangenkraft P schwankt durch die Umkehrung der Kraftrichtung in den Totpunkten praktisch stets zwischen $-P$ und $+P$, so daß stets Zug-Druckwechsel vorausgesetzt werden kann. Der Sicherheitskoeffizient wird dann, abhängig von der Drehzahl,

$$\gamma = 10 \text{ bis } 22.$$

Dabei gelten die hohen Zahlen für niedrige Drehzahlen und umgekehrt. Sind bei Kraftwechsel Stöße zu erwarten, so wählt man γ etwas größer. Bei Anwendung der Tetmajerschen Knickformel ergeben sich die Sicherheiten kleiner. Die Formel lautet

$$P = F \cdot \frac{k}{\gamma} \left(1 - c_1 \cdot \frac{l}{i} + c_2 \left(\frac{l}{i}\right)^2\right).$$

Darin ist k die zulässige Knickspannung. c_1 und c_2 sind vom Baustoff abhängige Koeffizienten*).

Die Verwendung der Formel ist abhängig von dem sogenannten Schlankheitsgrad $\lambda = \frac{l}{i}$. Darin ist l die Knicklänge und i der Trägheitshalbmesser

$$i = \sqrt{\frac{J}{F}}.$$

Die Eulersche Formel gilt nur für $\lambda \geqq \sqrt{\frac{E}{\sigma_p}}$; E = Elastizitätsmodul, σ_p — Quetschgrenze. Darunter gilt die Tetmajersche Formel. Die Grenze zwischen elastischer und unelastischer Knickung liegt

für St 37 bei λ =	100	für St 60 bei λ =	93
St 50	95	Federstahl	60

Bei liegenden Maschinen mit durchgehender Kolbenstange tritt infolge des Eigengewichts und des Kolbengewichts Biegungsbeanspruchung der Stange hinzu. Die Durchbiegung selbst darf 1—2 mm nicht übersteigen. Zur Vermeidung derselben kann man zwei Mittel anwenden. Entweder der Kolben wird selbsttragend ausgeführt oder die Stange wird (nach Collmann) mit Durchbiegung gedreht, so daß sie nach Belastung durch den Kolben wieder gerade ist.

V. Der Kreuzkopf

Der Kreuzkopf dient dazu, die Kolbenkraft von der Kolbenstange auf die schwingende Schubstange zu übertragen und das freie Ende der Kolbenstange gerade zu führen. Er besteht in der Regel aus dem Kreuzkopfkörper L (Fig. 167 und 168), der meist aus Stahlguß hergestellt wird, und den Gleitschuhen G, die aus Gußeisen sind und deren Gleitflächen häufig mit Weißmetall ausgegossen sind. Kleinere Kreuzköpfe werden auch aus einem Stück und ganz aus Gußeisen hergestellt. Die Gleitschuhe sind bei einer Flächenpressung über 3 kg/cm²

*) Siehe Rötscher, Die Maschinenelemente. Bd. 1, S. 18.

durch Einlegen von Scheiben bei *m* und *n* nachstellbar. Wo Platz vorhanden ist, wendet man zweiseitige Führung an, wo es die Zugänglichkeit erfordert dagegen nur einseitige. Die Gleitflächen sind vielfach eben; wo die Möglichkeit besteht, sie auszudrehen, sind sie rund. Die Flächenpressung wird zu 2—3 kg/cm² gewählt. Der Lauf der Maschine ist so einzurichten, daß der Führungsdruck stets auf die untere Gleitbahn wirkt, also liegende Kraftmaschine vorwärtslaufend und liegende Arbeitsmaschine rückwärtslaufend.

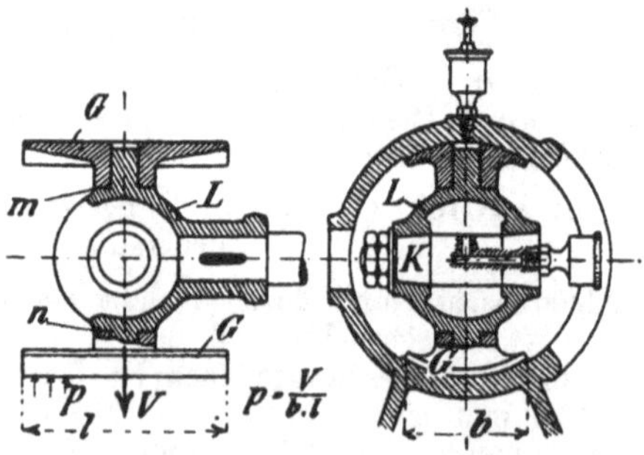

Fig. 167 Fig. 168
Normaler Kreuzkopf mit zylindrischen Gleitflächen

Der Kreuzkopfzapfen *K* wird konisch eingepaßt und gegen Lösen und Verdrehen gesichert. Er wird auf Biegung und Flächenpressung berechnet. Man kann annehmen, daß die Last *T* gleichmäßig auf die Länge l' (Fig. 169) verteilt ist

$$M_b = \frac{P}{2}\left(\frac{l}{2} - \frac{l'}{4}\right) = W \cdot \sigma_{b\,\text{zul}} = \frac{\pi d^3}{32} \cdot \sigma_{b\,\text{zul}}$$

$$\sigma_{b\,\text{zul}} \approx 500 \text{ kg/cm}^2 .$$

Außerdem gilt für die Flächenpressung

$$P = k \cdot l' \cdot d$$

$k = 80$ bis 90 kg/cm² bei Dampfmaschinen,
$k = 100$ bis 125 kg/cm² bei Verbrennungsmaschinen,
$k = 100$ bis 150 kg/cm² bei Lokomotiven.

Die Abmessungen sind meist

$$l' \approx 1{,}5 \text{ bis } 1{,}6\, d.$$

Bei größeren Kreuzköpfen werden an Stelle des Bolzens zwei Zapfen an den Seiten angebracht, an denen die gegabelte Schubstange angreift (Fig. 170).

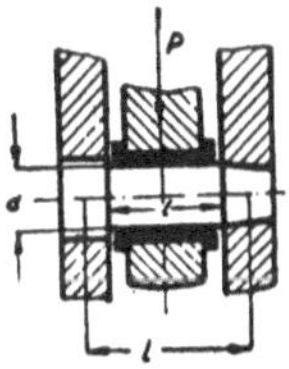

Fig. 169
Kreuzkopfzapfen

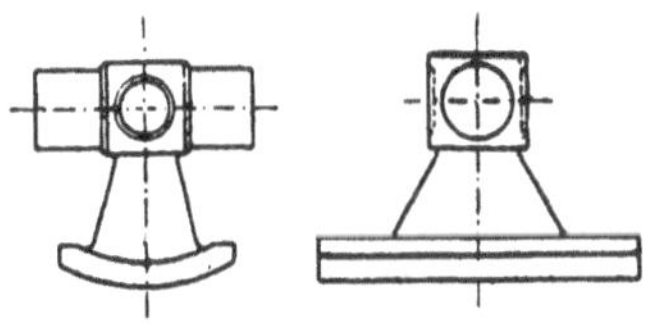

Fig. 170
Kreuzkopf für gegabelte Schubstangen

Die Kolbenstange wird im Kreuzkopf mit Keil (Fig. 167) befestigt, oder ihr Ende wird als Schraube ausgebildet, was eine genaue Einstellung der Länge ermöglicht. Seltener wird ein Teil des Kreuzkopfkörpers an die Stange angeschmiedet.

VI. Die Schubstange

Die Schubstange dient dazu, die Kraft vom hin- und hergehenden Kreuzkopf auf die sich drehende Kurbel zu übertragen. Sie besteht aus dem Schaft und den beiden Köpfen. Die Köpfe müssen dem angegebenen Zweck entsprechend lagerartig ausgebildet sein. Die Schubstangen werden in der Regel entweder als Freiformschmiedestück hergestellt oder im Gesenk geschlagen. Dafür verwendbare Werkstoffe sind unlegierte oder legierte Stähle, St 50.11, St 60.11 geglüht, Nickelstahl zäh vergütet oder Chromnickelstahl VCN 25, oder auch Leichtmetalle wie Dural, Lautal und Elektron. Sie können aber auch aus Stahlguß oder bei kleineren Stücken aus Temperguß bestehen. Die Schubstangen von Sägegattern sind oft aus Holz angefertigt.

Der Kopf an der Kreuzkopfseite wird in der Regel geschlossen ausgeführt (Fig. 171 und 172). Bei kleinen Kräften wird eine geschlossene Lagerbüchse eingesetzt. Bei größeren Kräften nimmt man statt dessen zwei Schalen, von denen die eine nachstellbar gemacht wird, und zwar so, daß die Länge l immer gleich gehalten werden kann. In Fig. 171 geschieht das Nachstellen durch den Keil b, der das Zwischenstück a nachschiebt, gegen das sich die Schale legt. In Fig. 174 geschieht die Nachstellung durch die Druckschraube g.

Der Kopf an der Kurbelseite wird fast immer geteilt ausgeführt (Fig. 171). Fig. 173 zeigt den ungeteilten Kopf einer

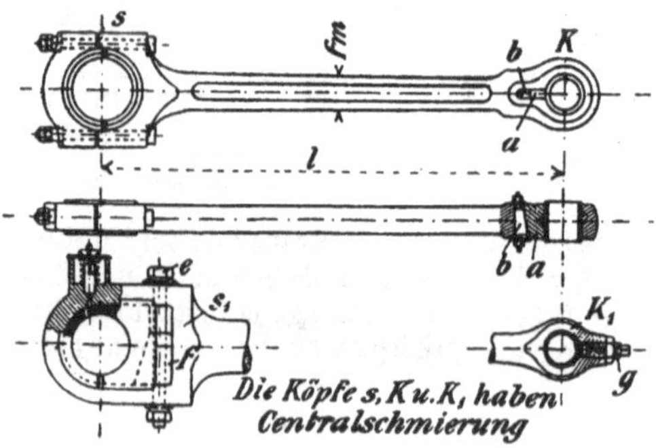

Fig. 171 – 174. Schubstangen

Lokomotivschubstange. Hier ist auch die besondere, allerdings nicht sehr günstige Art der Schmierung zu erkennen. Die Schmierung der Maschine erfolgt heutzutage fast durchweg von einem Zentralschmierapparat aus. Die Nachstellung der Schalen geschieht bei dem Kopf s (Fig. 171) durch Nachspannen der Schrauben und bei dem Kopf s_1 durch Nachziehen des Keils f. Die Deckelschrauben haben bei doppeltwirkenden Maschinen die gesamte Kolbenkraft aufzunehmen, bei einfachwirkenden dagegen nur die Massenkräfte. Sie sollen so kräftig ausgeführt sein, daß sie sich nicht längen.

Die stoßweise Beanspruchung ist sehr ungünstig und verursacht Dauerbrüche. Die zulässige Spannung darf deshalb höchstens 1/20 der Streckgrenze betragen. Zur Erhöhung der

Dauerfestigkeit sind die Schrauben als Dehnschrauben auszubilden, d. h. soweit es möglich ist, soll der Schaft nicht dicker sein als der Kerndurchmesser des Gewindes. Als Werkstoff wähle man zähen Stahl.

Damit die Länge l gewahrt bleibt, müssen immer die gleichen Schalen bei beiden Köpfen nachgestellt werden, also in Fig. 171 die linken Schalen und in Fig. 173 und 174 die rechten Schalen.

Der Schaft wird mit den beiden Köpfen oder Kopfhälften aus einem Stück hergestellt Das Trägheitsmoment des Querschnitts quer zur Bewegungsrichtung kann kleiner sein als in derselben, da die Stange in dieser Richtung als eingespannt gelten kann. Man wendet deshalb auch gern den I-Querschnitt an, der außerdem sehr leicht ausfällt.

Bei normalen Stangen für langsamlaufende Maschinen bevorzugt man den Kreisquerschnitt, dessen Durchmesser für die Mitte der Stange berechnet wird. Ausgeführt wird der Schaft konisch vom großen Kopf abnehmend zum kleinen Kopf. Der günstigste Querschnitt bezüglich der Knicksicherheit ist der kreisringförmige. In der Herstellung ist er jedoch teuer, da nur durch Ausbohren herstellbar. Er wird angewendet bei Schiffsmaschinen. Sonst ist er nur zu finden bei kleineren Stangen, deren Schaft auch aus einem Rohr hergestellt werden kann, und bei Flugmotoren.

Die Berechnung bezieht sich auf die Knicksicherheit und die Biegungsspannung. Für die Knickberechnung gelten die gleichen Beziehungen wie bei der Kolbenstange. In der Berechnung wird der Sicherheitsfaktor γ bei langsamlaufenden Maschinen, bei denen die Zentrifugalkraft nicht berücksichtigt wird, hoch eingesetzt. Stöße sind besonders zu beachten. Bei schnellaufenden Maschinen kann er geringer gewählt werden, je weniger Zeit zur Ausbildung der Knickung zur Verfügung steht, also je schneller die Maschine läuft. Man setzt etwa

$\gamma = 25$ bis 33 bei langsamlaufenden Dampf- und Großgasmaschinen;

$\gamma = 20$ bei Verbrennungsmotoren;

$\gamma = 40$ bis 60 bei stoßweise arbeitenden Maschinen, wie z. B. Pumpen;

$\gamma = 7$ bis 3 bei schnellaufenden Maschinen.

Meistens liegt jedoch der Fall der unelastischen Knickung vor. Es gilt also die Berechnung von Tetmajer. Dabei ist zu beachten, daß der Schlankheitsgrad λ je nach dem Werkstoff etwa zwischen 80 und 100 schwankt.

Die Biegungsspannung entsteht aus den in der Schubstange wirkenden Beschleunigungskräften und ist besonders bei schnellaufenden Maschinen zu beachten. Die Beschleunigungskraft nimmt man als senkrecht zur Stange wirkend an,

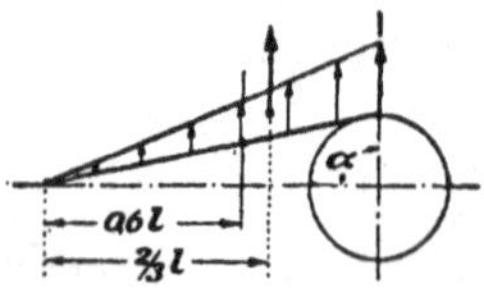

Fig. 175. Wirkung der Beschleunigungskräfte an der Schubstange

sie ist am größten am Kurbelzapfen bei einem Kurbelwinkel $\alpha = 90^0$ und nimmt zum Kreuzkopfzapfen hin bis auf 0 stetig ab (Fig. 175). Für ein Stückchen von der Länge *dl* ist sie am Kurbelzapfen

$$q = \frac{c^2}{r} \cdot f \cdot \frac{\gamma}{g} \cdot dl,$$

worin f der Querschnitt der Stange ist. Daraus ergibt sich das größte Biegungsmoment etwa bei 0,6 l vom Kreuzkopf aus und ist

$$M = \frac{q \cdot l^2}{16}.$$

Die Biegungsspannung ist

$$\sigma_b = \frac{M}{W} \; [\mathrm{kg/cm^2}],$$

wenn W das Widerstandsmoment des Stangenquerschnitts ist.

F. Schrifttum

von Hanffstengel, Technisches Denken und Schaffen.
Niemann, G., Maschinenelemente, Berlin 1950.
Rötscher, F., Die Maschinenelemente, 2 Bde., Berlin 1927.
Findeisen, Franz, Neuzeitliche Maschinenelemente, 3 Bde., Zürich 1953.
Laudien, Edert, Quantz, Maschinenelemente, 2 Bde., Leipzig 1931.
Tochtermann, Maschinenelemente, Berlin 1930.
ten Bosch, Berechnung der Maschinenelemente, Berlin 1951.
Jürgensmeyer, Die Wälzlager, Berlin 1937.
Tochtermann, Das Maschinenzeichnen, Sammlung Göschen Bd. 589 u. 590.
Thum, Die Werkstoffe des Maschinenbaus, Sammlung Göschen Bd. 476 u. 936.
vom Ende, Riemen- und Seiltriebe, Sammlung Göschen Bd. 1075.
Schuh, R., Das Wissen um die ISA-Passungen, Berlin 1954.
Brandenberger, Toleranzen, Passungen und Konstruktion, Zürich 1946.
Ricken, Grundzüge der Schweißtechnik, Berlin 1949.
Schimpke und Horn, Praktisches Handbuch der gesamten Schweißtechnik, Berlin 1950.
Hütte, Des Ingenieurs Taschenbuch, 8. Aufl. Bd. II A u. Betriebshütte.
Dubbel, Taschenbuch für den Maschinenbau.
Klingelnberg, Technisches Hilfsbuch, Berlin 1950.

Sachverzeichnis

GESAMTVERZEICHNIS

SAMMLUNG GÖSCHEN

DAS WISSEN DER WELT IN KURZEN KLAREN, ALLGEMEINVERSTÄNDLICHEN EINZELDARSTELLUNGEN NACH DEN LEHRPLÄNEN DER DEUTSCHEN UNIVERSITÄTEN UND HOCHSCHULEN AUFGEBAUT

JEDER BAND DM 2,40

DOPPELBAND DM 4,80

STAND JANUAR 1956

WALTER DE GRUYTER & CO.
BERLIN W 35

INHALTSVERZEICHNIS

Geisteswissenschaften

Philosophie

Einführung in die Philosophie von *H. Leisegang*. 2. Auflage. 145 Seiten. 1953. . . . . Bd. 281

Erkenntnistheorie von *G. Kropp*. 1. Teil: Allgemeine Grundlegung. 143 Seiten. 1950 . . . . Bd. 807

Hauptprobleme der Philosophie von *G. Simmel†*. 7., unveränd. Auflage. 177 Seiten. 1950 . . . . Bd. 500

Geschichte der Philosophie

I: Die griechische Philosophie von *W. Capelle*. 1. Teil. Von Thales bis Leukippos. 2., erweiterte Auflage. 135 Seiten. 1953 . . . . Bd. 857

II: Die griechische Philosophie von *W. Capelle*. 2. Teil. Von der Sophistik bis zum Tode Platons. 2., stark erweiterte Auflage. 144 Seiten 1953 . . . . Bd. 858

III: Die griechische Philosophie von *W. Capelle*. 3. Teil. Vom Tode Platons bis zur Alten Stoa. 2., stark erweiterte Auflage. 132 Seiten. 1954 . . . . Bd. 859

IV: Die griechische Philosophie von *W. Capelle*. 4. Teil. Von der Alten Stoa bis zum Eklektizismus im 1. Jahrhundert v. Chr. 2., stark erweiterte Auflage. 132 Seiten. 1954 . . . . Bd. 863

V: Die Philosophie des Mittelalters von *J. Koch*. In Vorbereitung . . . . Bd. 826

VI: Von der Renaissance bis Kant von *K. Schilling*. 234 Seiten. 1954 . . . . Bd. 394/394a

VII: Immanuel Kant von *G. Lehmann*. In Vorbereitung. Bd. 536

VIII: Die Philosophie des 19. Jahrhunderts von *G. Lehmann*. 1. Teil. 151 Seiten. 1953 . . . . Bd. 571

IX: Die Philosophie des 19. Jahrhunderts von *G. Lehmann*. 2. Teil. 168 Seiten. 1953 . . . . Bd. 709

X: Die Philosophie im ersten Drittel des 20. Jahrhunderts von *G. Lehmann*. In Vorbereitung . . . . . . Bd. 845

Die geistige Situation der Zeit (1931) von *K. Jaspers*. 3., unveränderter Abdruck der 1932 bearbeiteten 5. Auflage. 211 Seiten. 1953. Zur Zeit nur Ganzleinen DM 4,80 Bd. 1000

Philosophisches Wörterbuch von *M. Apel†*. 4., unveränderte Auflage. 260 Seiten. 1953 . . . . Bd. 1031

Philosophische Anthropologie von *M. Landmann*. 266 Seiten. 1955 . . . . Bd. 156/156a

Pädagogik · Psychologie · Soziologie

Geschichte der Pädagogik von *H. Weimer*. 11., neubearbeitete und vermehrte Auflage. 176 Seiten. 1954 . . . . Bd. 145

Therapeutische Psychologie. Freud — Adler — Jung von *W. M. Kranefeldt*. Mit einer Einführung von *C. G. Jung*. 2. Auflage. 152 Seiten. 1950 . . . . Bd. 1034

Sozialpsychologie von *P. R. Hofstätter*. 1956. In Vorbereitung Bd. 104/104a

Psychologie des Berufs- und Wirtschaftslebens von *W. Moede*. 1956. In Vorbereitung . . . . Bd. 851

Soziologie. Geschichte und Hauptprobleme von *L. von Wiese*. 5. Auflage. 162 Seiten. 1954 . . . . Bd. 101

Industrie- und Betriebssoziologie von *R. Dahrendorf*. 118 Seiten. 1956 . . . . Bd. 103

Religionswissenschaften

Jesus von *M. Dibelius †*. 2. Auflage. Unveränderter Nachdruck. 137 Seiten. 1949 . . . . Bd. 1130

Paulus von *M. Dibelius †*. Nach dem Tode des Verfassers herausgegeben und zu Ende geführt von *W. G. Kümmel*. 2. Auflage. 155 Seiten. 1956 . . . . Bd. 1160

Musik

Musikästhetik von *H. J. Moser*. 180 Seiten. 1953 . . . . . . Bd. 344

Systematische Modulation von *R. Henried*. 2. Auflage. 136 Seiten. 1950 . . . . Bd. 1094

Der polyphone Satz von *E. Pepping*. I. Teil: Der cantus-firmus-Satz. 2. Auflage. 223 Seiten. 1950 . . . . Bd. 1148

Harmonielehre von *H. J. Moser*.
I: 109 Seiten. 1954 . . . . Bd. 809

Technik der deutschen Gesangskunst von *H. J. Moser*. Dritte, durchges. u. verbesserte Auflage. 144 Seiten mit 5 Fig. 1954 . . . . Bd. 576/576a

Die Kunst des Dirigierens von *H. W. von Waltershausen †*. 2. Auflage. 138 Seiten. 1954 . . . . Bd. 1147

Die Technik des Klavierspiels aus dem Geiste des musikalischen Kunstwerkes von *K. Schubert †*. 3. Auflage. 110 Seiten. 1954 . . . . Bd. 1045

Die Musik des 19. Jahrhunderts von *W. Oehlmann*. 180 Seiten. 1953 . . . . Bd. 170

Allgemeine Musiklehre von *H. J. Moser*.
2., durchges. Auflage. 155 Seiten. 1955 . . . . . Bd. 220/220a

Kunst

Stilkunde von *H. Weigert*.
I: Vorzeit, Antike, Mittelalter. 2. Auflage. 136 Seiten. Mit 94 Abbildungen. 1953 . . . . Bd. 80
II: Spätmittelalter und Neuzeit. 2. Auflage. 146 Seiten. Mit 84 Abbildungen. 1953 . . . . Bd. 781

Archäologie von *A. Rumpf*.
I: Einleitung, historischer Überblick. 143 Seiten mit 6 Abbildungen im Text und 12 Tafeln. 1953 . . . . . Bd. 538
II: Die Archäologensprache. Die antiken Reproduktionen. 136 Seiten mit 7 Abbildungen im Text und 12 Tafeln. 1956 . . . . Bd. 539

Geschichte

Einführung in die Geschichtswissenschaft von *P. Kirn*. 2. Auflage. 121 Seiten. 1952 . . . . Bd. 270

Kultur der Urzeit von *F. Behn*. 4. Auflage der „Kultur der Urzeit". Band I—III von *M. Hoernes*.
I: Die vormetallischen Kulturen. (Die Steinzeiten Europas. Gleichartige Kulturen in anderen Erdteilen). 172 Seiten mit 48 Abbildungen. 1950 . . . . . . Bd. 564
II: Die älteren Metallkulturen. (Der Beginn der Metallbenutzung. Kupfer- und Bronzezeit in Europa, im Orient und in Amerika). 160 Seiten mit 67 Abbildungen. 1950 Bd. 565
III: Die jüngeren Metallkulturen. (Das Eisen als Kulturmetall. Hallstatt-Latène-Kultur in Europa. Das erste

Auftreten des Eisens in den anderen Erdteilen). 149 Seiten mit 60 Abbildungen. 1950 . . . . Bd. 566

Vorgeschichte Europas von *F. Behn*. Völlig neue Bearbeitung der 7. Auflage der „Urgeschichte der Menschheit" von *M. Hoernes*. 125 Seiten mit 47 Abbildungen. 1949 . . Bd. 42

Von den Karolingern zu den Staufern von *J. Haller*. Die altdeutsche Kaiserzeit (900—1250). 3. Auflage. 141 Seiten mit 4 Karten. 1944 . . . . Bd. 1065

Deutsche Geschichte im Zeitalter der Reformation, der Gegenreformation und des 30jährigen Krieges von *F. Hartung*. 129 Seiten. 1951 . . . . Bd. 1105

Deutsche Geschichte von 1648 bis zur Gegenwart von *W. Treue* (4 Bände). In Vorbereitung . . . . Bd. 35

Quellenkunde der deutschen Geschichte im Mittelalter (bis zur Mitte des 15. Jahrhunderts) von *K. Jacob †*.

I: Einleitung. Allgemeiner Teil. Die Zeit der Karolinger. 5. Auflage. 118 Seiten. 1949 . . . . Bd. 279

II: Die Kaiserzeit (911—1250). 4. Auflage. 127 Seiten. 1949 . . . . Bd. 280

III: Das Spätmittelalter (vom Interregnum bis 1500). Unter Verwendung der Hinterlassenschaft herausgegeben von *F. Weden*. 152 Seiten. 1952 . . . . Bd. 284

Badische Geschichte von *A. Krieger*. 137 Seiten. 1921 . . . Bd. 230

Geschichte Englands von *H. Preller*.

I: bis 1815. 3., stark umgearbeitete Auflage. 135 Seiten mit 7 Stammtafeln und 2 Karten im Text. 1952. . . . Bd. 375

II: von 1815 bis 1910. 2., völlig umgearb. Auflage. 118 S. mit 1 Stammtafel und 7 Karten im Text. 1954 . . Bd. 1088

Geschichte der Vereinigten Staaten von Amerika von *O. Graf zu Stolberg-Wernigerode*. 192 Seiten mit 10 Karten im Text. 1956. . . . . Bd. 1051/1051a

Deutsche Sprache und Literatur

Deutsches Rechtschreibungswörterbuch von *M. Gottschald*. 2., verbesserte Auflage. 269 Seiten. 1953 . . . . Bd. 200/200a

Deutsche Wortkunde von *A. Schirmer*. Eine kulturgeschichtliche Betrachtung des deutschen Wortschatzes. 3., durchgesehene Auflage. 109 Seiten. 1949 . . . . Bd. 929

Deutsche Sprachlehre von *W. Hofstaetter*. 9., neubearbeitete Auflage von *G. Spree*. 144 Seiten. 1953 . . . . Bd. 20

Stimmkunde für Beruf, Kunst und Heilzwecke von *H. Biehle*. 111 Seiten. 1955 . . . . Bd. 60

Redetechnik von *H. Biehle*. Einführung in die Rhetorik. 115 Seiten. 1954 . . . . Bd. 61

Sprechen und Sprachpflege von *H. Feist*. (Die Kunst des Sprechens). 2., verbesserte Auflage. 99 Seiten mit 25 Abbildungen. 1952 . . . . Bd. 1122

Der Nibelunge Nôt in Auswahl mit kurzem Wörterbuch von *K. Langosch*. 9., umgearbeitete Auflage. 164 Seiten. 1953 Bd. 1

Deutsches Dichten und Denken von der germanischen bis zur staufischen Zeit von *H. Naumann*. (Deutsche Literaturgeschichte vom 5.—13. Jahrhundert). 2., verbesserte Auflage. 166 Seiten. 1952 . . . . Bd. 1121

Deutsches Dichten und Denken vom Mittelalter zur Neuzeit von *G. Müller* (1270—1700). 2., durchgesehene Auflage. 159 Seiten. 1949 . . . . Bd. 1086

Die deutschen Personennamen von *M. Gottschald.* 2., verbesserte Auflage. 151 Seiten. 1955 . . . . Bd. 422
Althochdeutsches Elementarbuch von *H. Naumann †* und *W. Betz.* 2. Auflage. 156 Seiten. 1954. . . . . Bd. 1111
Mittelhochdeutsche Grammatik von *H. de Boor* und *R. Wisniewski.* 139 Seiten. 1956 . . . . Bd. 1108

Indogermanisch · Germanisch

Gotisches Elementarbuch von *H. Hempel.* Grammatik, Texte mit Übersetzung und Erläuterungen. 2., umgearbeitete Auflage. 165 Seiten. 1953 . . . . Bd. 79
Germanische Sprachwissenschaft von *H. Krahe.*
I: Einleitung und Lautlehre. 3. Auflage. In Vorbereitung Bd. 238
II: Formenlehre. 2. Auflage. 140 Seiten .1948 . . . . . Bd. 780
Altnordisches Elementarbuch von *F. Ranke.* Schrifttum, Sprache, Texte mit Übersetzung und Wörterbuch. 2., durchgesehene Auflage. 146 Seiten. 1949 . . . . Bd. 1115

Englisch · Französisch · Italienisch

Altenglisches Elementarbuch von *M. Lehnert.* Einführung, Grammatik, Texte mit Übersetzung und Wörterbuch. 3., verbesserte Auflage. 178 Seiten. 1955 . . . . . . Bd. 1125
Historische neuenglische Laut- und Formenlehre von *E. Ekwall.* 3., durchgesehene Auflage. 150 Seiten. 1956 . . Bd. 735
Englische Literaturgeschichte.
I: Die alt- und mittelenglische Periode von *F. Schubel.* 163 Seiten. 1954 . . . . Bd. 1114
II: Von der Renaissance bis zur Aufklärung von *Paul Meissner †.* 139 Seiten. 1937 . . . . Bd. 1116
III: Romantik und Viktorianismus von *Paul Meissner †.* 150 Seiten. 1938 . . . . Bd. 1124
IV: Das 20. Jahrhundert von *Paul Meissner †.* 150 Seiten. 1939 . . . . Bd. 1136
Beowulf von *M. Lehnert.* Eine Auswahl mit Einführung, teilweiser Übersetzung, Anmerkungen und etymologischem Wörterbuch. 2., verbesserte Auflage. 135 Seiten. 1949 Bd. 1135
Shakespeare von *P. Meissner †.* 2. Auflage, neubearbeitet von *M. Lehnert.* 136 Seiten. 1954 . . . . Bd. 1142
Romanische Sprachwissenschaft von *H. Lausberg.*
I: Einleitung und Vokalismus. 160 Seiten. 1956 . . Bd. 128/128a
II: Konsonantismus. 95 Seiten. 1956 . . . . Bd. 250
Italienische Literaturgeschichte von *K. Vossler †.* Unveränderter Nachdruck der 1927 erschienenen 4., durchgesehenen und verbesserten Auflage. 148 Seiten. 1948 Bd. 125

Griechisch · Lateinisch

Griechische Sprachwissenschaft von *W. Brandenstein.*
I: Einleitung, Lautsystem, Etymologie. 160 Seiten. 1954 Bd. 117
II: In Vorbereitung . . . . Bd. 118
Geschichte der griechischen Sprache
I: Bis zum Ausgang der klassischen Zeit. Von *O. Hoffmann †.* 3., umgearbeitete Auflage von *A. Debrunner.* 156 Seiten. 1954 . . . . Bd. 111
II: Grundfragen und Grundzüge d. nachklass. Griechisch. Von *A. Debrunner.* 144 Seiten. 1954 . . . . Bd. 114

Geschichte der griechischen Literatur von *W. Nestle*. 2., verbesserte Auflage.
I: Von den Anfängen bis auf Alexander d. Gr. 148 Seiten. 1950 . . . . Bd. 70
II: Von Alexander d. Gr. bis zum Ausgang der Antike. 128 Seiten. 1948 . . . . Bd. 557

Geschichte der lateinischen Sprache von *F. Stolz †*. 3., stark umgearbeitete Auflage von *A. Debrunner*. 136 Seiten. 1953 . . . . Bd. 492

Hebräisch · Sanskrit · Russisch

Hebräische Grammatik von *G. Beer †*. 2., völlig neubearbeitete Auflage von *R. Meyer*.
I: Schrift-, Laut- und Formenlehre I. 157 Seiten. 1952. Bd. 763/763a
II: Schrift-, Laut- und Formenlehre II. 195 Seiten. 1955 . . . . Bd. 764/764a

Sanskrit-Grammatik von *M. Mayrhofer*. 89 Seiten. 1953 . . Bd. 1158

Russische Grammatik von *G. Berneker*. 6., unveränderte Auflage von *M. Vasmer*. 155 Seiten. 1947 . . . . Bd. 66

Erd- und Länderkunde

Afrika von *F. Jaeger*. Ein geographischer Überblick. 2., umgearbeitete Auflage.
I: Der Lebensraum. 179 Seiten mit 18 Abbildungen. 1954 Bd. 910
II: Mensch und Kultur. 155 Seiten mit 6 Abbildungen. 1954 Bd. 911

Iberoamerika von *O. Quelle*. In Vorbereitung . . . . Bd. 856

Australien und Ozeanien von *H. J. Krug*. 176 Seiten mit 46 Skizzen. 1953 . . . . Bd. 319

Kartenkunde von *M. Eckert-Greifendorff †*. 3., durchgesehene Auflage von *W. Kleffner*. 149 Seiten mit 63 Abb. 1950 Bd. 30

Volkswirtschaft · Publizistik

Allgemeine Betriebswirtschaftslehre von *K. Mellerowicz*. 9., unveränderte Auflage. 1956.
I: 142 Seiten . . . . Bd. 1008
II: 112 Seiten. Bd. 1153
III: 143 Seiten. Bd. 1154

Allgemeine Volkswirtschaftslehre von *A. Paulsen*.
I: Grundlegung, Wirtschaftskreislauf. 138 Seiten mit 11 Abbildungen. 1956. . . . . Bd. 1169
II: Haushalte, Unternehmungen, Marktformen. In Vorbereitung . . . . Bd. 1170
III: Produktionsfaktoren, Geldwesen. In Vorbereitung . . Bd. 1171
IV: Konjunktur, Außenhandel, staatliche Aktivität. In Vorbereitung . . . . Bd. 1172

Zeitungslehre von *E. Dovifat*. 3., neubearbeitete Auflage. 1955.
I: Theoretische und rechtliche Grundlagen, Nachricht und Meinung, Sprache und Form. 148 Seiten. 1955 . . . . Bd. 1039
II: Redaktion, Die Sparten, Verlag und Vertrieb, Wirtschaft und Technik, Sicherung der öffentlichen Aufgabe. 158 Seiten. 1955 . . . . Bd. 1040

Naturwissenschaften

Mathematik

Geschichte der Mathematik von *J. E. Hofmann.*
I: Von den Anfängen bis zum Auftreten von Fermat und Descartes. 200 Seiten. 1953 . . . . Bd. 226

Mathematische Formelsammlung von *F. Ringleb.* Vollständig umgearbeitete Neuausgabe des Werkes von *O. Th. Bürklen.* 6., durchgesehene Aufl. 274 Seiten mit 57 Figuren. 1956. In Vorbereitung . . . . Bd. 51

Fünfstellige Logarithmen von *A. Adler.* Mit mehreren graphischen Rechentafeln und häufig vorkommenden Zahlwerten. 2. Auflage. Neudruck. 127 Seiten mit 1 Tafel. 1949 . . . . Bd. 423

Höhere Algebra von *H. Hasse.* 3., verbesserte Auflage.
I: Lineare Gleichungen. 152 Seiten. 1951 . . . . Bd. 931
II: Gleichungen höheren Grades. 158 Seiten mit 5 Figuren. 1951 . . . . Bd. 932

Aufgabensammlung zur höheren Algebra von *H. Hasse* und *W. Klobe.* 2., verbesserte und vermehrte Auflage. 181 Seiten. 1952 . . . . Bd. 1082

Elementare und klassische Algebra vom modernen Standpunkt von *W. Krull.* 2., erweiterte Auflage.
I: 136 Seiten. 1952 . . . . Bd. 930

Einführung in die Zahlentheorie von *A. Scholz †.* 2. Auflage, überarbeitet von *B. Schoeneberg.* 128 Seiten. 1955 . . . Bd. 1131

Elemente der Funktionentheorie von *K. Knopp.* 4. Auflage. 144 Seiten mit 23 Fig. 1955 . . . . Bd. 1109

Funktionentheorie von *K. Knopp.* 8. Auflage.
I: Grundlagen der allgemeinen Theorie der analytischen Funktionen. 139 Seiten mit 8 Fig. 1955 . . . . Bd. 668
II: Anwendungen und Weiterführung der allgemeinen Theorie. 130 Seiten mit 7 Fig. 1955 . . . . Bd. 703

Aufgabensammlung zur Funktionentheorie von *K. Knopp.* 4. Auflage.
I: Aufgaben zur elementaren Funktionentheorie. 135 Seiten. 1949 . . . . Bd. 877
II: Aufgaben zur höheren Funktionentheorie. 151 Seiten. 1949 . . . . Bd. 878

Repetitorium und Aufgabensammlung zur Differentialrechnung von *A. Witting †.* 2., neubearbeitete Auflage. Durchgesehener Neudruck. 145 Seiten. 1949 . . . . Bd. 146

Repetitorium und Aufgabensammlung zur Integralrechnung von *A. Witting †.* 2., neubearbeitete Auflage. Durchgesehener Neudruck. 121 Seiten mit 32 Figuren und 309 Beispielen. 1949 . . . . Bd. 147

Gewöhnliche Differentialgleichungen von *G. Hoheisel.* 4., neubearbeitete Auflage. 129 Seiten. 1951 . . . . Bd. 920

Partielle Differentialgleichungen von *G. Hoheisel.* 3., neubearbeitete Auflage. 130 Seiten. 1953 . . . . Bd. 1003

Aufgabensammlung zu den gewöhnlichen und partiellen Differentialgleichungen von *G. Hoheisel.* 2., umgearbeitete Auflage. 124 Seiten. 1952 . . . . Bd. 1059

Mengenlehre von *E. Kamke,* 3., neubearbeitete Auflage. 194 Seiten mit 6 Figuren. 1955 . . . . Bd. 999/999a

Darstellende Geometrie von *W. Haack.*
I: Die wichtigsten Darstellungsmethoden. Grund- und Aufriß ebenflächiger Körper. 110 Seiten mit 117 Abbildungen. 1954 . . . . Bd. 142
II: Körper mit krummen Begrenzungsflächen. Kotierte Projektionen. 129 Seiten mit 86 Abbildungen. 1954 . . Bd. 143
III: Axonometrie. Perspektive. Photogrammetrie. In Vorbereitung . . . . Bd. 144

Sammlung von Aufgaben und Beispielen zur analytischen Geometrie der Ebene von *R. Haussner †.* Mit den vollständigen Lösungen. 139 Seiten mit 22 Figuren im Text. Neudruck. 1949 . . . . Bd. 256

Nichteuklidische Geometrie von *R. Baldus †.* Hyperbolische Geometrie der Ebene. 3., verbesserte Auflage, durchgesehen und herausgegeben von *F. Löbell.* 140 Seiten mit 70 Figuren im Text. 1953 . . . . Bd. 970

Differentialgeometrie von *K. Strubecker* (früher Rothe).
I: Kurventheorie der Ebene und des Raumes. 150 Seiten mit 18 Figuren. 1955 . . . . Bd. 1113/1113a

Einführung in die konforme Abbildung von *L. Bieberbach.* 4. Auflage. 147 Seiten mit 42 Zeichnungen. 1949 . . . Bd. 768

Vektoranalysis von *S. Valentiner.* Neudruck der 7. Auflage (1950). 138 Seiten mit 19 Figuren. 1954 . . . . Bd. 354

Vermessungskunde von *P. Werkmeister.*
I: Stückmessung und Nivellieren. 9. Auflage. 165 Seiten mit 145 Figuren. 1949 . . . . Bd. 468
II: Messung von Horizontalwinkeln. Festlegung von Punkten im Koordinatensystem. Absteckungen. 7. Auflage. 151 Seiten mit 93 Figuren. 1949 . . . . Bd. 469
III: Trigonometrische und barometrische Höhenmessung. Tachymetrie und Topographie. 6. Auflage. 147 Seiten mit 64 Figuren. 1949 . . . . Bd. 862

Versicherungsmathematik von *F. Böhm.*
I: Elemente der Versicherungsrechnung. 3., vermehrte und verbesserte Auflage. Durchgesehener Neudruck. 151 Seiten. 1954 . . . . Bd. 180
II: Lebensversicherungsmathematik. Einführung in die technischen Grundlagen der Sozialversicherung. 2., verbesserte Auflage. 205 Seiten. 1953 . . . . Bd. 917/917a

Physik

Einführung in die theoretische Physik von *W. Döring.*
I: Mechanik. 119 Seiten mit 29 Abbildungen. 1954 . . Bd. 76
II: Das elektromagnetische Feld. 123 Seiten mit 15 Abbildungen. 1955 . . . . Bd. 77
III: Optik. 117 Seiten mit 32 Abbildungen. 1956 . . . . Bd. 78
IV: Thermodynamik. Mit 9 Abbildungen. In Vorbereitung Bd. 374

Atomphysik von *K. Bechert* u. *Ch. Gerthsen.* 3., umgearb. Aufl.
I: Allgemeine Grundlagen. I. Teil von *Ch. Gerthsen.* 123 Seiten mit 35 Abbildungen. 1955 . . . . Bd. 1009
II: Allgemeine Grundlagen. II. Teil von *Ch. Gerthsen.* 112 Seiten mit 48 Abbildungen. 1955 . . . . Bd. 1033
III: Theorie des Atombaus. I. Teil von *K. Bechert.* 148 Seiten mit 16 Abbildungen. 1954 . . . . . Bd. 1123/1123a
IV: Theorie des Atombaus. 2. Teil von *K. Bechert.* 170 Seiten mit 14 Abbildungen. 1954 . . . . Bd. 1165/1165a

Differentialgleichungen der Physik von *F. Sauter*. 2. Auflage. 148 Seiten mit 16 Figuren. 1950 . . . . Bd. 1070
Physikalische Formelsammlung von *G. Mahler* und *K. Mahler*. 9., durchgesehene Auflage. 153 Seiten mit 69 Figuren. 1955 . . . . Bd. 136
Physikalische Aufgabensammlung von *G. Mahler* u. *K. Mahler*. Mit den Ergebnissen. 8., durchgesehene Auflage. 127 Seiten. 1955 . . . . Bd. 243

Chemie

Geschichte der Chemie von *G. Lockemann*. In kurzgefaßter Darstellung.
I: Vom Altertum bis zur Entdeckung des Sauerstoffs. 142 Seiten mit 8 Bildnissen. 1950 . . . . Bd. 264
II: Von der Entdeckung des Sauerstoffs bis zur Gegenwart. 151 Seiten mit 16 Bildnissen. 1955. . . . . Bd. 265/265a
Anorganische Chemie von *W. Klemm*. 8. Auflage. 184 Seiten mit 18 Abbildungen. 1954 . . . . Bd. 37
Organische Chemie von *W. Schlenk*. 6., erweiterte Auflage. 263 Seiten. 1954 . . . . Bd. 38/38a
Allgemeine und physikalische Chemie von *W. Schulze*. 4., neubearbeitete Auflage.
I: 139 Seiten mit 10 Figuren. 1955 . . . . Bd. 71
II: 177 Seiten mit 37 Figuren. 1956 . . . . Bd. 698/698a
III: 1956. In Vorbereitung . . . . Bd. 786
Analytische Chemie von *J. Hoppe*. 5., verbesserte Auflage.
I: Reaktionen. 135 Seiten. 1950 . . . . Bd. 247
II: Gang der qualitativen Analyse. 166 Seiten. 1950 . . Bd. 248
Maßanalyse von *G. Jander* und *K. J. Jahr*. Theorie und Praxis der klassischen und der elektrochemischen Titrierverfahren. 7. Auflage.
I: Grundlagen. Oxydations- und Reduktionsanalysen. In Vorbereitung . . . . Bd. 221
II: Neutralisations- und Fällungsanalysen. In Vorbereitung Bd. 1002
III: Komplexometrie. Konduktometrie. Potentiometrie. In Vorbereitung . . . . Bd. 1004
Thermochemie von *W. A. Roth*. 2., verbesserte Auflage. 109 Seiten mit 16 Figuren. 1952 . . . . Bd. 1057
Physikalisch-chemische Rechenaufgaben von *E. Asmus*. 2. Auflage. 96 Seiten. 1949 . . . . Bd. 445
Stöchiometrische Aufgabensammlung von *W. Bahrdt* und *R. Scheer*. Mit den Ergebnissen. 5., verbesserte Auflage. 120 Seiten. 1952 . . . . Bd. 452
Elektrochemie und ihre physikalisch-chemischen Grundlagen von *A. Dassler*.
I: 149 Seiten mit 21 Abbildungen. 1950. . . . . Bd. 252
II: 178 Seiten mit 17 Abbildungen. 1950. . . . . Bd. 253

Technologie

Warenkunde von *K. Hassak†* und *E. Beutel†*. 7. Auflage. Neubearbeitet von *A. Kutzelnigg*.
I: Anorganische Waren sowie Kohle und Erdöl. 116 Seiten mit 19 Figuren. 1947 . . . . Bd. 222
II: Organische Waren. 143 Seiten mit 32 Figuren. 1949 . Bd. 223
Die Fette und Öle von *K. Braun†*. 5., völlig neubearbeitete und verbesserte Auflage von *Th. Klug*. 145 Seiten. 1950 Bd. 335

Die Seifenfabrikation von *K. Braun†*. 3., neubearbeitete und verbesserte Auflage von *Th. Klug*. 116 Seiten mit 18 Abbildungen. 1953 . . . . Bd. 336

Textilindustrie.

I: Spinnerei und Zwirnerei von *A. Blümcke*. 112 Seiten mit 43 Abbildungen. 1954 . . . . Bd. 184

Biologie

Einführung in die allgemeine Biologie von *M. Hartmann*. In Vorbereitung . . . . Bd. 96

Hormone von *G. Koller*. 2., neubearbeitete und erweiterte Auflage. 187 Seiten mit 60 Abb. und 19 Tabellen. 1949 . Bd. 1141

Fortpflanzung im Tier- und Pflanzenreich von *J. Hämmerling*. 2., ergänzte Auflage. 135 Seiten mit 101 Abb. 1951 . Bd. 1138

Geschlecht und Geschlechtsbestimmung im Tier- und Pflanzenreich von *M. Hartmann*. 2., verbesserte Auflage. 116 Seiten mit 61 Abbildungen und 7 Tabellen. 1951. . Bd. 1127

Grundriß der allgemeinen Mikrobiologie von *W. Schwartz*.

I: 104 Seiten mit 17 Abbildungen. 1949. . . . . Bd. 1155

II: 93 Seiten mit 12 Abbildungen. 1949. . . . . Bd. 1157

Symbiose der Tiere mit pflanzlichen Mikroorganismen von *P. Buchner*. 2., verbesserte und vermehrte Auflage. 130 Seiten mit 121 Abbildungen. 1949 . . . . Bd. 1128

Botanik

Entwicklungsgeschichte des Pflanzenreiches von *H. Heil*. 2. Auflage. 138 Seiten mit 94 Abbildungen und 1 Tabelle. 1950 Bd. 1137

Morphologie der Pflanzen von *L. Geitler*. 3. Auflage. 126 Seiten mit 114 Abbildungen. 1953 . . . . Bd. 141

Pflanzenzüchtung von *H. Kuckuck*. 3., völlig umgearbeitete Auflage.

I: Grundzüge der Pflanzenzüchtung. 132 Seiten mit 22 Abbildungen. 1952 . . . . Bd. 1134

Die Laubhölzer von *F. W. Neger†* und *E. Münch†*. Kurzgefaßte Beschreibung der in Mitteleuropa gedeihenden Laubbäume und Sträucher. 3., durchgesehene Auflage, herausgegeben von *B. Huber*. 143 Seiten mit 63 Figuren und 7 Tabellen. 1950 . . . . Bd. 718

Die Nadelhölzer (Koniferen) und übrigen Gymnospermen von *F. W. Neger†* und *E. Münch†*. 4. Auflage. Durchgesehen und ergänzt von *B. Huber*. 140 Seiten mit 75 Figuren, 4 Tabellen und 3 Karten. 1952 . . . . Bd. 355

Zoologie

Entwicklungsphysiologie der Tiere von *F. Seidel*.

I: Ei und Furchung. 126 Seiten mit 29 Abbildungen. 1953 . . . . Bd. 1162

II: Körpergrundgestalt und Organbildung. 159 Seiten mit 42 Abbildungen. 1953 . . . . Bd. 1163

Das Tierreich.

Fische von *D. Lüdemann*. 130 Seiten mit 65 Abbildungen. 1955 . . . . Bd. 356

Insekten von *H. von Lengerken*. 128 Seiten mit 58 Abbildungen. 1953 . . . . Bd. 594

Lurche von *K. Herter.* 140 Seiten mit 129 Abbild. 1955 Bd. 847
Spinnentiere von *A. Kaestner.* 96 S. mit 55 Abb. 1955 Bd. 1161
Würmer von *S. Jaeckel.* 112 Seiten mit 36 Abbild. 1955 Bd. 439
Weichtiere von *S. Jaeckel.* 92 Seiten mit 34 Abbildungen. 1954 . . . . Bd. 440
Stachelhäuter von *S. Jaeckel.* 100 Seiten mit 46 Abbildungen. 1955 . . . . Bd. 441
Schwämme und Hohltiere von *H. J. Hannemann.* 95 Seiten mit 80 Abbildungen. 1956 . . . . Bd. 442
Krebse von *H. E. Gruner* und *K. Deckert.* Mit 43 Abbildungen. 1956. In Vorbereitung . . . . Bd. 443
Protozoa von *E. Reichenow.* 1956. In Vorbereitung Bd. 444

Vergleichende Physiologie der Tiere von *K. Herter.* 3. Auflage der „Tierphysiologie".
I: Stoff- und Energiewechsel. 155 Seiten mit 64 Abbild. 1950 . . . . Bd. 972
II: Bewegung und Reizerscheinungen. 148 Seiten mit 110 Abbildungen. 1950 . . . . Bd. 973

Land- und Forstwirtschaft

Landwirtschaftliche Tierzucht von *H. Vogel.* Die Züchtung und Haltung der landwirtschaftlichen Nutztiere. 139 Seiten mit 11 Abbildungen. 1952 . . . . Bd. 228

Kulturtechnische Bodenverbesserungen von *O. Fauser.* 4., neubearbeitete Auflage.
I: Allgemeines, Entwässerung. 122 Seiten mit 47 Abbildungen. 1947 . . . . Bd. 691
II: Bewässerung, Ödlandkultur, Umlegung. 150 Seiten mit 67 Abbildungen. 1949 . . . . Bd. 692

Agrikulturchemie von *K. Scharrer.*
I: Pflanzenernährung. 143 Seiten. 1953 . . . . Bd. 329
II: Futtermittelkunde. 1956. In Vorbereitung . . . . . Bd. 330

Geologie · Mineralogie · Kristallographie

Kristallographie von *W. Bruhns†* und *P. Ramdohr.* 4. Auflage. 106 Seiten mit 163 Abbildungen. 1954 . . . . Bd. 210

Einführung in die Kristalloptik von *E. Buchwald.* 4., verbess. Auflage. 138 Seiten mit 121 Figuren. 1952 . . . . . Bd. 619

Lötrohrprobierkunde von *M. Henglein.* Mineraldiagnose mit Lötrohr- und Tüpfelreaktion. 3., verbesserte Auflage. 91 Seiten mit 11 Figuren. 1949 . . . . Bd. 483

Mineral- und Erzlagerstättenkunde von *H. Huttenlocher †.*
I: 128 Seiten mit 34 Abbildungen. 1954. . . . . Bd. 1014
II: 156 Seiten mit 48 Abbildungen. 1954. . . . . Bd. 1015/1015a

Allgemeine Mineralogie von *R. Brauns †* und *K. F. Chudoba.* 9., erweiterte Auflage der „Mineralogie" von *Brauns-Chudoba.* 104 Seiten mit 107 Figuren, 1 Tafel, 2 Tabellen. 1955 . . . . Bd. 29

Spezielle Mineralogie von *R. Brauns †* und *K. F. Chudoba.* 9., erweiterte Auflage der „Mineralogie" von *Brauns-Chudoba.* 133 Seiten mit 105 Figuren. 1955 . . . . . Bd. 31

Petrographie. Von *W. Bruhns†* und *P. Ramdohr.* 4., durchgesehene Auflage. 104 Seiten mit 10 Figuren. 1955 . . Bd. 173

Geologie von *F. Lotze.* 176 Seiten mit 80 Abbildungen. 1955 . . Bd. 13

Technik

Elektrotechnik

Grundlagen der Elektrotechnik von *O. Mohr.* 2 Bände. In Vorbereitung . . . . Bd. 196/197

Die Gleichstrommaschine von *K. Humburg.* Durchgesehener Neudruck.
I: 102 Seiten mit 59 Abbildungen. 1949 . . . . Bd. 257
II: 98 Seiten mit 38 Abbildungen. 1949 . . . . Bd. 881

Die synchrone Maschine von *K. Humburg.* Neudruck. 109 Seiten mit 78 Bildern. 1951 . . . . Bd. 1146

Induktionsmaschinen von *F. Unger.* 2., erweiterte Auflage. 142 Seiten mit 49 Abbildungen. 1954 . . . . Bd. 1140

Die komplexe Berechnung von Wechselstromschaltungen von *H. H. Meinke.* 160 Seiten mit 114 Abbildungen. 1949 . Bd. 1156

Theoretische Grundlagen zur Berechnung der Schaltgeräte von *F. Kesselring.* 3. Auflage. 144 Seiten mit 92 Abbildungen. 1950 . . . . Bd. 711

Einführung in die Technik selbsttätiger Regelungen von *W. zur Megede.* 1956. In Vorbereitung . . . . Bd. 714/714a

Elektromotorische Antriebe (Grundlagen für die Berechnung) von *A. Schwaiger.* 3., neubearbeitete Auflage. 96 Seiten mit 34 Abbildungen. 1952 . . . . Bd. 827

Technische Tabellen und Formeln von *W. Müller.* 4., verbesserte und erweiterte Auflage von *E. Schulze.* 152 Seiten mit 105 Figuren. 1951 . . . . Bd. 579

Überspannungen und Überspannungsschutz von *G. Frühauf.* Durchgesehener Neudruck. 122 Seiten mit 98 Abbildungen. 1950 . . . . Bd. 1132

Maschinenbau

Metallkunde. Einführendes über Aufbau, Eigenschaften und Untersuchung von Metallen und Legierungen sowie über Grundlagen des Schmelzens, des Gießens, des Verformens, der Wärmebehandlung, der Oberflächenbehandlung, der Verbinde- und Trennarbeiten von *H. Borchers.*
I: Aufbau der Metalle und Legierungen. 3. Auflage. 1956. In Vorbereitung . . . . Bd. 432
II: Eigenschaften. Grundzüge der Form- und Zustandsgebung. 2. Auflage. 154 Seiten mit 8 Tabellen und 100 Abbildungen. 1952 . . . . Bd. 433

Die Werkstoffe des Maschinenbaues von *A. Thum* und *C. M. Freiherr von Meysenbug.*
I: 1956. In Vorbereitung . . . . Bd. 476

Dynamik von *W. Müller.* 2., verbesserte Auflage.
I: Dynamik des Einzelkörpers. 128 Seiten mit 48 Figuren. 1952 . . . . Bd. 902
II: Systeme von starren Körpern. 102 Seiten mit 41 Figuren. 1952 . . . . Bd. 903

Technische Schwingungslehre von *L. Zipperer.* 2., neubearbeitete Auflage.

I: Allgemeine Schwingungsgleichungen, einfache Schwinger. 120 Seiten mit 101 Abbildungen. 1953 . . . . . Bd. 953
II: Torsionsschwingungen in Maschinenanlagen. 102 Seiten mit 59 Abbildungen. 1955 . . . . Bd. 961/961a

Transformatoren von *W. Schäfer*. 2. Auflage mit 74 Abbildungen. 1956. In Vorbereitung . . . . Bd. 952

Werkzeugmaschinen für Metallbearbeitung von *K. P. Matthes*.
I: 110 Seiten mit 27 Abbildungen, 11 Zahlentafeln im Text und 1 Tafelanhang. 1954 . . . . Bd. 561
II: Fertigungstechnische Grundlagen der neuzeitlichen Metallbearbeitung. 101 Seiten mit 30 Abbildungen und 5 Tafeln im Text. 1955 . . . . Bd. 562

Die Maschinenelemente von *E. A. vom Ende*. 3., verbesserte Auflage. Mit 175 Figuren und 9 Tafeln. 1956. In Vorbereitung . . . . Bd. 3

Das Maschinenzeichnen mit Einführung in das Konstruieren von *W. Tochtermann*. 4. Auflage.
I: Das Maschinenzeichnen. 156 Seiten mit 77 Tafeln. 1950 Bd. 589
II: Ausgeführte Konstruktionsbeispiele. 130 Seiten mit 58 Tafeln. 1950 . . . . Bd. 590

Getriebelehre von *P. Grodzinski*. 2., neubearbeitete Auflage.
I: Geometrische Grundlagen. 159 Seiten mit 142 Figuren. 1953 . . . . Bd. 1061

Gießereitechnik von *H. Jungbluth*.
I: Eisengießerei. 126 Seiten mit 44 Abbildungen. 1951 . . Bd. 1159

Die Dampfkessel und Feuerungen einschließlich Hilfseinrichtungen in Theorie, Konstruktion und Berechnung von *W. Marcard* †. 2. Auflage. Neubearbeitet von *K. Beck*.
I: Die theoretischen Grundlagen. Wärme, Verbrennung, Wärmeübertragung. 150 Seiten mit 42 Abbildungen und 16 Tabellen. 1951 . . . . Bd. 9
II: Dampfkessel. 147 Seiten mit 43 Abbildungen. 1952 . . Bd. 521

Dampfturbinen von *C. Zietmann*. 3., verbesserte Auflage.
I: Theorie der Dampfturbinen. 140 Seiten mit 48 Abbildungen. 1955 . . . . Bd. 274
II: Die Berechnung der Dampfturbinen und die Konstruktion der Einzelteile. 134 Seiten mit 111 Abbildungen. 1956 . . . . Bd. 715
III: Ihre Wirkungsweise, Berechnung und Konstruktion. Mit 90 Abbildungen. 1956. In Vorbereitung . . . . . Bd. 716

Industrielle Kraft- und Wärmewirtschaft von *F. A. F. Schmidt*. 1956. In Vorbereitung. . . . . Bd. 318/318a

Technische Thermodynamik von *W. Nusselt*.
I: Grundlagen. 4., verbesserte Auflage. 144 Seiten mit 71 Abbildungen. 1956. In Vorbereitung . . . . Bd. 1084
II: Theorie der Wärmekraftmaschinen. Neudruck. 144 Seiten mit 87 Abbildungen und 32 Zahlentafeln. 1951 . . Bd. 1151

Autogenes Schweißen und Schneiden von *H. Niese*. 5. Auflage. Neubearbeitet von *A. Küchler*. 136 Seiten mit 71 Figuren. 1954 . . . . Bd. 499

Die elektrischen Schweißverfahren von *H. Niese*. 2. Auflage. Neubearbeitet von *H. Dienst*. 136 Seiten mit 58 Abbildungen. 1955 . . . . Bd. 1020

Hebezeuge von *G. Tafel*.
I: 2., verbesserte Auflage. 276 Seiten mit 230 Figuren. 1954 . . . . Bd. 414/414a

Wasserbau

Wasserkraftanlagen von *A. Ludin*.
I: Planung, Grundlagen und Grundzüge. 124 Seiten mit 60 Abbildungen. 1955 . . . . Bd. 665
II: In Vorbereitung . . . . Bd. 666

Verkehrswasserbau von *H. Dehnert*.
I: Entwurfsgrundlagen, Flußregelungen. 103 Seiten mit 52 Textabbildungen. 1950 . . . . Bd. 585
II: Flußkanalisierungen und Schiffahrtskanäle. 94 Seiten mit 60 Textabbildungen. 1950 . . . . Bd. 597
III: Schleusen und Hebewerke. 98 Seiten mit 70 Textabbildungen. 1950 . . . . Bd. 1152

Talsperren von *F. Tölke*. 122 Seiten mit 70 Abbildungen. 1953 Bd. 1044

Wehr- und Stauanlagen von *H. Dehnert*. 134 Seiten mit 90 Abbildungen. 1952 . . . . Bd. 965

Hoch- und Tiefbau

Festigkeitslehre von *W. Gehler †* und *W. Herberg*.
I: Elastizität, Plastizität und Festigkeit der Baustoffe und Bauteile. Durchgesehener und erweiterter Neudruck. 159 Seiten mit 18 Bildern. 1952 . . . . Bd. 1144
II: Formänderung, Platten, Stabilität und Bruchhypothesen. Bearb. von *W. Herberg* und *N. Dimitrov*. 187 Seiten mit 94 Bildern. 1955 . . . . Bd. 1145/1145a

Statik der Baukonstruktionen von *A. Teichmann*.
I: Grundlagen. 101 Seiten mit 51 Abbildungen und 8 Formentafeln. 1956 . . . . Bd. 119

Grundlagen des Stahlbetonbaus von *A. Troche*. 2., neubearbeitete und erweiterte Auflage. 208 Seiten mit 75 Abbildungen, 17 Bemessungstafeln und 20 Rechenbeispielen. 1953 . . . . Bd. 1078

Fenster, Türen, Tore aus Holz und Metall. Eine Anleitung zu ihrer guten Gestaltung, wirtschaftlichen Bemessung und handwerksgerechten Konstruktion von *W. Wickop*. 4., überarbeitete Auflage. 155 Seiten mit 95 Abbildungen 1955 . . . . Bd. 1092

Die wichtigsten Baustoffe des Hoch- und Tiefbaus von *O. Graf*. 4., verbesserte Auflage. 131 Seiten mit 63 Abbildungen. 1953 . . . . Bd. 984

Baustoffverarbeitung und Baustellenprüfung des Betons von *A. Kleinlogel*. 2., neubearbeitete und erweiterte Auflage. 126 Seiten mit 35 Abbildungen. 1951 . . . . . Bd. 978

Heizung und Lüftung von *J. Körting †* und *W. Körting*. 8., neubearbeitete Auflage.
I: Das Wesen und die Berechnung der Heizungs- und Lüftungsanlagen. 140 Seiten mit 29 Abbildungen und 18 Zahlentafeln. 1951 . . . . Bd. 342
II: Die Ausführung der Heizungs- und Lüftungsanlagen. 152 Seiten mit 165 Abbildungen und 7 Zahlentafeln. 1954 . . . . Bd. 343

SAMMLUNG GÖSCHEN - BANDNUMMERNFOLGE

1 Langosch, Der Nibelunge Nôt
3 vom Ende, Maschinenelemente
9 Marcard-Beck, Dampfkessel I
13 Lotze, Geologie
20 Hofstaetter-Spree, Dt. Sprachlehre
29 Brauns-Chudoba, Allg. Mineralogie
30 Eckert-Greifendorff-Kleffner, Kartenkunde
31 Brauns-Chudoba, Spez. Mineralogie
35 Treue, Deutsche Geschichte
37 Klemm, Anorganische Chemie
38/38a Schlenk, Organ. Chemie
42 Behn, Vorgeschichte Europas
51 Bürklen-Ringleb, Mathematische Formelsammlung
60 Biehle, Stimmkunde
61 Biehle, Redetechnik
66 Berneker-Vasmer, Russische Grammatik
70 Nestle, Griech. Literaturgesch. I
71 Schulze, Allgem. und physikalische Chemie I
76 Döring, Einführg. i. d. theoret. Physik I
77 Döring, Einführg. i. d. theoret. Physik II
78 Döring, Einführg. i. d. theoret. Physik III
79 Hempel, Got. Elementarbuch
80 Weigert, Stilkunde I
96 Hartmann, Allg. Biologie
101 v. Wiese, Soziologie
103 Dahrendorf, Industrie- und Betriebssoziologie
104/104a Hofstätter, Sozialpsychol.
111 Hoffmann-Debrunner, Geschichte der griech. Sprache I
114 Debrunner, Geschichte der griech. Sprache II
117 Brandenstein, Griechische Sprachwissenschaft I
118 Brandenstein, Griechische Sprachwissenschaft II
119 Teichmann, Statik der Baukonstruktionen
125 Vossler, Italienische Literaturgeschichte
128/128a Lausberg, Roman. Sprachwiss. I
136 Mahler, Physikalische Formelsammlung
141 Geitler, Morphologie der Pflanzen
142 Haack, Darst. Geometrie I
143 Haack, Darst. Geometrie II
144 Haack, Darst. Geometrie III
145 Weimer, Geschichte der Pädagogik
146 Witting, Repetitorium und Aufgabensammlung zur Differentialrechnung
147 Witting, Repetitorium und Aufgabensammlung zur Integralrechnung
156/156a Landmann, Philosoph. Anthropologie
170 Oehlmann, Musik des 19. Jahrhunderts
173 Bruhns-Ramdohr, Petrographie
180 Böhm, Versicherungsmathematik I
184 Blümcke, Spinnerei und Zwirnerei
196 Mohr, Grundlagen der Elektrotechnik I
197 Mohr, Grundlagen der Elektrotechnik II
200/200a Gottschald, Dt. Rechtschreibungswörterbuch
210 Bruhns-Ramdohr, Kristallographie
220/220a Moser, Allgemeine Musiklehre
221 Jander-Jahr, Maßanalyse I
222 Hassak-Beutel, Warenkunde I
223 Hassak-Beutel, Warenkunde II
226 Hofmann, Geschichte der Mathematik I
228 Vogel, Landw. Tierzucht
230 Krieger, Bad. Geschichte
238 Krahe, German. Sprachwiss. I
243 Mahler, Physikal. Aufgabensammlung
247 Hoppe, Analytische Chemie I
248 Hoppe, Analytische Chemie II
250 Lausberg, Roman. Sprachwiss. II
252 Dassler, Elektrochemie I
253 Dassler, Elektrochemie II
256 Haussner, Aufgabensammlung zur analytischen Geometrie der Ebene
257 Humburg, Die Gleichstrommaschine I

264 Lockemann, Geschichte der Chemie I
265/265a Lockemann, Geschichte der Chemie II
270 Kirn, Einführung in die Geschichtswissenschaft
274 Zietemann, Dampfturbinen I
279 Jacob, Quellenkunde der deutschen Geschichte I
280 Jacob, Quellenkunde der deutschen Geschichte II
281 Leisegang, Einführung in die Philosophie
284 Jacob-Weden, Quellenkunde der deutschen Geschichte III
318/318a Schmidt, Industrielle Kraft- und Wärmewirtschaft
319 Krug, Australien und Ozeanien
329 Scharrer, Agrikulturchemie I
330 Scharrer, Agrikulturchemie II
335 Braun-Klug, Fette und Öle
336 Braun-Klug, Seifenfabrikation
342 Körting, Heizung und Lüftung I
343 Körting, Heizung und Lüftung II
344 Moser, Musikästhetik
354 Valentiner, Vektoranalysis
355 Neger-Münch, Nadelhölzer
356 Lüdemann, Fische
374 Döring, Einführung in die theoretische Physik IV
375 Preller, Geschichte Englands I
394/394a Schilling, Von der Renaissance bis Kant
414/414a Tafel, Hebezeuge I
422 Gottschald, Dt. Personennamen
423 Adler, Fünfstell. Logarithmen
432 Borchers, Metallkunde I
433 Borchers, Metallkunde II
439 Jaeckel, Würmer
440 Jaeckel, Weichtiere
441 Jaeckel, Stachelhäuter
442 Hannemann, Schwämme und Hohltiere
443 Gruner-Deckert, Krebse
444 Reichenow, Protozoa
445 Asmus, Physikal.-chemische Rechenaufgaben
452 Bahrdt-Scheer, Stöchiometrische Aufgabensammlung
468 Werkmeister, Vermessungskunde I
469 Werkmeister, Vermessungskunde II
476 Thum-Meysenburg, Die Werkstoffe des Maschinenbaues I
483 Henglein, Lötrohrprobierkunde
492 Stolz-Debrunner, Geschichte der lateinischen Sprache
499 Niese, Autogen. Schweißen
500 Simmel, Hauptprobleme der Philosophie
521 Marcard-Beck, Dampfkessel und Feuerungen II
536 Lehmann, Kant
538 Rumpf, Archäologie I
539 Rumpf, Archäologie II
557 Nestle, Griechische Literaturgeschichte II
561 Matthes, Werkzeugmaschinen I
562 Matthes, Werkzeugmasch. II
564 Behn, Kultur der Urzeit I
565 Behn, Kultur der Urzeit II
566 Behn, Kultur der Urzeit III
571 Lehmann, Philosophie des 19. Jahrhunderts
576/576a Moser, Gesangskunst
579 Müller-Schulze, Techn. Tabellen
585 Dehnert, Verkehrswasserbau I
589 Tochtermann, Maschinenzeichnen I
590 Tochtermann, Maschinenzeichnen II
594 Lengerken, Insekten
597 Dehnert, Verkehrswasserbau II
619 Buchwald, Kristalloptik
665 Ludin, Wasserkraftanlagen I
666 Ludin, Wasserkraftanlagen II
668 Knopp, Funktionentheorie I
691 Fauser, Kulturtechn. Bodenverbesserungen I
692 Fauser, Kulturtechn. Bodenverbesserungen II
698/698a Schulze, Allgemeine und physikalische Chemie II
703 Knopp, Funktionentheorie II
709 Lehmann, Philosophie des 19. Jahrhunderts II
711 Kesselring, Berechnung der Schaltgeräte
714/714a zur Megede, Einführung in die Technik selbsttätiger Regelungen
715 Zietemann, Dampfturbinen II
716 Zietemann, Dampfturbinen III
718 Neger-Münch, Laubhölzer
735 Ekwall, Hist. neuengl. Laut- und Formenlehre
763/763a Beer-Meyer, Hebräische Grammatik I
764/764a Beer-Meyer, Hebräische Grammatik II

768 Bieberbach, Einführung in die konforme Abbildung
780 Krahe, Germ. Sprachwiss. II
781 Weigert, Stilkunde II
786 Schulze, Molekülbau
807 Kropp, Erkenntnistheorie I
809 Moser, Harmonielehre I
826 Koch, Philosophie des Mittelalters
827 Schwaiger, Elektromotorische Antriebe
845 Lehmann, Philosophie im ersten Drittel des 20. Jahrh.
847 Herter, Lurche
851 Moede, Psychologie des Berufs- und Wirtschaftslebens
856 Quelle, Iberoamerika
857 Capelle, Griech. Philosophie I
858 Capelle, Griech. Philosoph. II
859 Capelle, Griech. Philosoph. III
862 Werkmeister, Vermessungskunde III
863 Capelle, Griech. Philosoph. IV
877 Knopp, Aufgabensammlung zur Funktionentheorie I
878 Knopp, Aufgabensammlung zur Funktionentheorie II
881 Humburg, Gleichstrommaschine II
902 Müller, Dynamik I
903 Müller, Dynamik II
910 Jaeger, Afrika I
911 Jaeger, Afrika II
917/917a Böhm, Versicherungsmathematik II
920 Hoheisel, Gewöhnliche Differentialgleichungen
929 Schirmer, Dt. Wortkunde
930 Krull, Elementare und klassische Algebra I
931 Hasse, Höhere Algebra I
932 Hasse, Höhere Algebra II
952 Schäfer, Transformatoren
953 Zipperer, Techn. Schwingungslehre I
961/961a Zipperer, Techn. Schwingungslehre II
965 Dehnert, Wehr- u. Stauanlagen
970 Baldus-Löbell, Nichteuklid. Geometrie
972 Herter, Tierphysiologie I
973 Herter, Tierphysiologie II
978 Kleinlogel, Baustoffverarbeitung und Baustellenprüfung des Betons
984 Graf, Die wichtigsten Baustoffe des Hoch- und Tiefbaus
999/999a Kamke, Mengenlehre
1000 Jaspers, Geistige Situation
1002 Jander-Jahr, Maßanalyse II
1003 Hoheisel, Partielle Differentialgleichungen
1004 Jander-Jahr, Maßanalyse III
1008 Mellerowicz, Allgemeine Betriebswirtschaftslehre I
1009 Bechert-Gerthsen, Atomphysik I
1014 Huttenlocher, Mineral- und Erzlagerstättenkunde I
1015/1015a Huttenlocher, Mineral- und Erzlagerstättenkunde II
1021 Niese-Dienst, Elektr. Schweißverfahren
1031 Apel, Philosophisches Wörterbuch
1033 Bechert-Gerthsen, Atomphysik II
1043 Kranefeldt, Therapeutische Psychologie
1039 Dovifat, Zeitungslehre I
1040 Dovifat, Zeitungslehre II
1044 Tölke, Talsperren
1045 Schubert, Technik des Klavierspiels
1051/1051a zu Stolberg-Wernigerode, Gesch. d. Verein. Staaten v. Amerika
1057 Roth, Thermochemie
1059 Hoheisel, Aufgabensammlg. z. d. gewöhnl. u. part. Differentialgleichungen
1061 Grodzinski, Getriebelehre I
1065 Haller, Von den Karolingern zu den Staufern
1070 Sauter, Differentialgleichungen der Physik
1078 Troche, Stahlbetonbau
1082 Hasse-Klobe, Aufgabensammlung zur Höheren Algebra
1084 Nusselt, Technische Thermodynamik I
1086 Müller, Dt. Dichten u. Denken
1088 Preller, Geschichte Engld. II
1092 Wickop, Fenster, Türen, Tore,
1094 Hernried, System. Modulation
1105 Hartung, Dt. Geschichte im Zeitalter der Reformation
1108 de Boor-Wisniewski, Mittelhochdeutsche Grammatik
1109 Knopp, Elemente der Funktionentheorie
1111 Naumann-Betz, Althochdeutsches Elementarbuch

1113/1113a Strubecker, Differentialgeometrie I
1114 Schubel, Englische Literaturgeschichte I
1115 Ranke, Altnord. Elementarbuch
1116 Meissner, Englische Literaturgeschichte II
1121 Naumann, Dt. Dichten und Denken
1122 Feist, Sprechen und Sprachpflege
1123/1123a Bechert-Gerthsen, Atomphysik III
1124 Meissner, Englische Literaturgeschichte III
1125 Lehnert, Altengl. Elementarbuch
1127 Hartmann, Geschlecht und Geschlechtsbestimmung im Tier- und Pflanzenreich
1128 Buchner, Symbiose der Tiere mit pflanzl. Mikroorganismen
1130 Dibelius, Jesus
1131 Scholz-Schoeneberg Einführung in die Zahlentheorie
1132 Frühauf, Überspannungen und Überspannungsschutz
1134 Kuckuck, Pflanzenzüchtung I
1135 Lehnert, Beowulf
1136 Meissner, Englische Literaturgeschichte IV
1137 Heil, Entwicklungsgeschichte des Tier- und Pflanzenreichs
1138 Hämmerling, Fortpflanzung im Tier- und Pflanzenreich
1140 Unger, Induktionsmaschinen
1141 Koller, Hormone
1142 Meissner-Lehnert, Shakespeare
1144 Gehler, Festigkeitslehre I
1145/1145a Herberg, Festigkeitslehre II
1146 Humburg, Synchrone Maschine
1147 v. Waltershausen, Kunst des Dirigierens
1148 Pepping, Der polyphone Satz I
1151 Nusselt, Technische Thermodynamik II
1152 Dehnert, Verkehrswasserbau III
1153 Mellerowicz, Allg. Betriebswirtschaftslehre II
1154 Mellerowicz, Allg. Betriebswirtschaftslehre III
1155 Schwartz, Mikrobiologie I
1156 Meinke, Kompl. Berechng. d. Wechselstromschaltungen
1157 Schwartz, Mikrobiologie II
1158 Mayrhofer, Sanskrit-Grammatik
1159 Jungbluth, Gießereitechnik I
1160 Dibelius-Kümmel, Paulus
1161 Kaestner, Spinnentiere
1162 Seidel, Entwicklungsphysiologie der Tiere I
1163 Seidel, Entwicklungsphysiologie der Tiere II
1165/1165a Bechert-Gerthsen, Atomphysik IV
1169 Paulsen, Allgem. Volkswirtschaftslehre I
1170 Paulsen, Allgem. Volkswirtschaftslehre II
1171 Paulsen, Allgem. Volkswirtschaftslehre III
1172 Paulsen, Allgem. Volkswirtschaftslehre IV

AUTORENREGISTER

MIX
Papier | Fördert gute Waldnutzung
FSC® C083411

Zeitfracht Medien GmbH
Ferdinand-Jühlke-Straße 7
99095 Erfurt, Deutschland
produktsicherheit@kolibri360.de